Dieter Georg Herbst

CORPORATE IDENTITY

5.
aktualisierte
und erweiterte
Auflage

- -

Aufbau einer einzigartigen
Unternehmensidentität

Bei den in diesem Buch wiedergegebenen Anzeigen, Anzeigenaus-
schnitten und Internet-Seiten handelt es sich ausschließlich um
Anschauungsbeispiele. Die abgebildeten Wort- und Bildmarken sowie
die Erwähnung findenden Markennamen, Soft- und Hardwarebezeich-
nungen sind im Allgemeinen durch die Bestimmungen des gewerbli-
chen Rechtsschutzes geschützt. Es wird ausdrücklich darauf hingewie-
sen, dass eine Vervielfältigung und Nutzung zu anderen Zwecken nicht
gestattet ist. Obwohl alle Angaben gründlich recherchiert sind, kann
keine Gewähr übernommen werden. Dies gilt insbesondere für die
Aktualität und Qualität der angegebenen Internet-Adressen.

Verlagsredaktion: Ralf Boden
Grafik und technische Umsetzung: Holger Stoldt, Düsseldorf
Umschlaggestaltung: Thomas Gnahm, Weimar
Titelfoto: © fotalia; beawolf

Informationen über Cornelsen Fachbücher und Zusatzangebote:
www.cornelsen.de/berufskompetenz

5. Auflage

© 2012 Cornelsen Verlag, Berlin

Druck: Beltz Bad Langensalza GmbH

ISBN 978-3-589-24076-0

 Inhalt gedruckt auf säurefreiem Papier
aus nachhaltiger Forstwirtschaft.

Vorwort zur 5. Auflage

Neue Inhalte, Erweiterungen und umfangreiche Aktualisierungen erwarten Sie in der 5. Auflage meines Standardwerks zur Corporate Identity.

Die erste Auflage des Buches ist bereits 1994 erschienen. Seither hat sich vieles im Markt und in den Unternehmen, aber auch in der Kommunikation verändert. In der Forschung sind viele neue Erkenntnisse über das Wesen der CI, die Gestaltung und die Wirkung hinzugekommen. Die Auflagen des Buches haben dies berücksichtigt:

- Ich freue mich, Ihnen in dieser Auflage die Weiterentwicklung des klassischen Leitbildes vorstellen zu können: Die klassischen Elemente Leitidee, Leitsätze und Motto habe ich ersetzt durch das Belohnungsversprechen und die Begründungen (siehe Kap. 8.2).
- Neu ist das Kapitel über die Gestaltung von Beziehungen des Unternehmens zu seinen wichtigen internen und externen Bezugsgruppen (siehe Kap. 5).
- Erweitert habe ich das Kapitel über die Bedeutung der mit dem Unternehmen verbundenen Gefühle (siehe Kap. 4).
- Aktualisiert habe ich das Kapitel über das Corporate Design. Dieses besteht im klassischen Verständnis aus dem visuellen Erscheinungsbild des Unternehmens. Jedoch ist mittlerweile deutlich geworden, wie wichtig die Ansprache aller Sinne ist, um die Unternehmenspersönlichkeit zu vermitteln: Dies wirkt nicht nur stärker, sondern ermöglicht dem Unternehmen, sich auch hierdurch im Wettbewerb zu unterscheiden (siehe Kap. 8.3.1).
- Das Thema Storytelling stelle ich in seiner Bedeutung für die Corporate Identity dar (siehe Kap. 9.4.4).
- Die Beschreibung der derzeitigen Situation in Markt und Unternehmen habe ich aktualisiert (siehe Kap. 1).

Ich wünsche Ihnen eine interessante und lehrreiche Lektüre.

Berlin, Frühjahr 2012   *Prof. Dr. Dieter Georg Herbst*

Einleitung

In den vergangenen Jahren ist sehr viel geschehen auf dem Markt und in den Unternehmen: Der Wettbewerb hat weiter zugenommen, Produkte sind mittlerweile austauschbar und das Interesse der Konsumenten lässt nach. Als Reaktion werden die Firmen komplexer, schneller, internationaler. Sicher hat sich auch Ihr Unternehmen in den vergangenen Jahren enorm verändert und wird dies auch weiter tun.

In solchen Zeiten ist es für Unternehmen überlebenswichtig geworden, ihren Mitarbeitern, Kunden und Lieferanten, Finanzgebern und Behörden eine klare Orientierung und Sicherheit durch eine starke und einzigartige Unternehmenspersönlichkeit zu geben. Diese Menschen sollen, wollen und müssen wissen, wofür das Unternehmen steht, wie es sich entwickeln wird, aber auch, was bleibt und Halt gibt. Haben die internen und externen Bezugsgruppen ein klares Vorstellungsbild davon, dann sind sie eher bereit, das Erreichen der Firmenziele durch ihren speziellen Beitrag zu unterstützen – dies ist wissenschaftlich erwiesen.

Wissen auch Ihre Kunden, wofür Ihr Unternehmen steht, was Sie bieten und warum Sie einzigartig sind? Kennen Ihre Geldgeber jene Stärken, die Ihr Unternehmen für sie attraktiv macht? Wissen Ihre Mitarbeiter, warum sie sich für das Erreichen Ihrer Unternehmensziele mit voller Kraft einsetzen sollen?

Das einzigartige und attraktive Vorstellungsbild von Ihrem Unternehmen kann aber nur dann entstehen, wenn Sie erst einmal selbst wissen, warum es Ihr Unternehmen überhaupt gibt, welche Probleme des Marktes Sie lösen wollen und warum Sie dies einzigartig können.

Kurz: Sie brauchen ein starkes gemeinsames Selbstverständnis über Ihre Unternehmenspersönlichkeit (Corporate Identity; CI).

Dies fehlt vielen Unternehmen und Organisationen. Warum sonst sind immer mehr Menschen misstrauisch gegenüber Großkonzernen? Warum greifen Käufer immer wahlloser nach Produkten? Warum vermissen die Wähler Profil bei politischen Parteien? Warum sonst können sich viele Mitarbeiter nicht mit ihrem Unternehmen identifizieren? Höchste Zeit also für professionelles CI-Management!

Ob Großunternehmen, Anwaltskanzlei, Werbeagentur, Schuster, Konditorei, Lebensrettungsgesellschaft, karitative Vereinigung, Kirche – jede Organisation kann von den Vorteilen des Corporate Identity Managements (CIM) profitieren.

Zu diesem Buch

Dieses Buch gibt Ihnen einen aktuellen Einblick, was Corporate Identity Management ist. Sie erhalten praktische Tipps, wie Sie Ihre Corporate Identity professionell gestalten und damit Ihren Unternehmenswert steigern können.

Sie finden

- Lernziele zu Beginn eines jeden Kapitels, die Ihnen Orientierung bieten und Ihnen ermöglichen, mit dem Buch zu arbeiten;
- Fragen und Anstöße, die Ihnen Ihre aktuelle Ausgangssituation ins Bewusstsein rufen;
- Übungen und Aufgaben, die Sie praktisch auf dem Weg zur Gestaltung Ihrer Corporate Identity anleiten;
- Merksätze, die Wichtiges hervorheben;
- Übersichten, die für Sie Hintergründe, Vorgehensweisen, Strategien zusammenfassen und auf den Punkt bringen.

Im Anhang finden Sie weitere Checklisten, Tipps und Literaturhinweise.

Folgende Hinweise:

- Das Thema Corporate Identity Management ist sehr komplex, dieses Buch gibt einen komprimierten Überblick. Wichtige Aspekte wie Bilderwelten, Internationalisierung und Storytelling habe ich ausführlich in eigenen Büchern dargestellt.
- In diesem Buch verwende ich zur besseren Lesbarkeit den Begriff „Unternehmen". Das Konzept des Corporate Identity Managements ist für Organisationen genauso geeignet, wie zum Beispiel für Parteien, Verbände, Behörden.

■ Der besseren Lesbarkeit dient auch die Verwendung der männlichen Sprachform, auch wenn Frauen ausdrücklich gleichermaßen angesprochen sind.

Ich widme dieses Buch Friedel „Mama" Bauer. Ich danke Erich Schmidt-Dransfeld und Ralf Boden vom Cornelsen Verlag für die langjährige und auch in diesem Fall tolle Zusammenarbeit.

Inhalt

Die Bedeutung

Die tief greifenden Veränderungen auf unseren Märkten und in unseren Unternehmen haben die aktuelle Bedeutung des Corporate Identity Managements (CIM) enorm gesteigert.

In diesem Kapitel lernen Sie

diese Veränderungen im Detail kennen und dieses Wissen gezielt und systematisch in Einsatzgebiete und Aufgaben für das CIM umzusetzen.

1

1.1 Entwicklung der Märkte

Die Situation auf den Märkten hat sich dramatisch verschärft:

- **Zunehmender Wettbewerb auf allen Märkten:** Der Wettbewerb nimmt weiter zu, nicht nur bei klassischen Konsumgütern, sondern auch bei Dienstleistungen und Investitionsgütern. Ein Grund für den zunehmend harten Wettbewerb ist, dass die Märkte weitgehend gesättigt sind – vielen Anbietern stehen weniger Nachfrager gegenüber; diese können jenes Produkt auswählen, das am besten zu ihnen passt. Folge: Die eigene Position kann nur der verbessern, der seinen Konkurrenten Marktanteile abgewinnt.

- **Austauschbare Produkte:** Die Produkte sind austauschbar geworden. Nicht einmal Kenner schmecken heutzutage Unterschiede zwischen den vielen Biersorten und Zigarettenmarken. In vielen Autos und Elektrogeräten befinden sich die gleichen Bauteile, weil die Unternehmen beim gleichen Hersteller einkaufen. Die Stiftung Warentest bewertet etwa 90 Prozent der getesteten Produkte mit „gut".

- **Produktqualität mittlerweile trivial:** Produktqualität ist für den Konsumenten selbstverständlich geworden, sie ermöglicht kaum noch Unterscheidung von Konkurrenten. Da eine Abgrenzung über andere Kriterien fehlt, erlebt auch der Konsument die Angebote zunehmend als austauschbar.

- **Steigende Markeninflation:** Die Austauschbarkeit verstärken Pseudo-Marken und Kopien von Originalen, so genannte Me-too-Produkte, die dem Kunden keinen eigenständigen Nutzen bieten, kaum durch Kommunikation unterstützt sind und fast nur über den Preis verkauft werden. Ein Beispiel ist das Kopfschmerzmittel ASS Ratiopharm, eine Kopie der Originalmarke Aspirin.

- **Zunehmende Markenflut:** Als Reaktion auf die zunehmende Austauschbarkeit der vorhandenen Produkte kommen immer neue Produkte in immer kürzeren Abständen auf den Markt, zum Beispiel Elektroartikel und Software. Viele Konsumenten reagieren hierauf, indem sie bewusst auf das neueste Produkt verzichten und den Kauf verschieben, bis die bessere und billigere Produktgeneration auf dem Markt ist. Dieses Phänomen wird „Leapfrogging Behaviour" genannt, zu Deutsch Bocksprungverhalten. In diesen Fällen führt der Geschwindigkeitswettbewerb nicht zum Kauf, sondern er verhindert ihn.

- **Zunehmende Produktflops:** Gerade erst lieb gewonnene Marken verschwinden wieder vom Markt: Im Konsumgüterbereich werden zirka 85 Prozent der Produkte innerhalb der ersten beiden Jahre nach der Einführung vom Markt genommen. Sind Produkte erfolgreich, kopiert sie die Konkurrenz innerhalb von kürzester Zeit, was die wahrgenommene Austauschbarkeit erhöht.

- **Erweiterungen, hastige Konzeptionswechsel und Umpositionierungen verwässern ursprünglich klar profilierte Marken:** Melitta, einst für Kaffee bekannt, bot eine Zeit lang unter diesem Namen auch Staubsaugerbeutel, Luftreiniger und Teefilter an. Experten schätzen, dass rund 90 Prozent der Neueinführungen der letzten Jahre unter Dachmarken erfolgte. Grund hierfür ist, dass es immer teurer wird, eine neue Marke aufzubauen. Jedoch kann die Dachmarke an Profil verlieren, wenn sie viele unterschiedliche Produkte beherbergt. Sie wird oft nur noch Absenderadresse – eine prägnante, unverwechselbare Persönlichkeit fehlt ihr.

- **Ausweitung starker Handelsmarken:** Der Handel profiliert sich innerhalb seines Konkurrenzkampfes mit eigens geschaffenen Handelsmarken, die oft nur die preiswertere Variante der Herstellermarken sind. Folge: Die Konsumenten sind immer weniger bereit, für klassische Markenartikel teilweise doppelt so viel zu zahlen, wenn sie keinen markanten Zusatznutzen erkennen. Handelsmarken sind mittlerweile so stark geworden, dass sie die Herstellermarken ernsthaft bedrohen.

- **Kurzfristiges Erfolgsstreben von Managern:** Produktmanager wollen in ihrer meist kurzen Wirkungszeit Spuren hinterlassen und die Marke neu positionieren. Hierdurch fehlen die Konstanz in der Markenführung und der langfristige Blick auf die sorgfältige Entwicklung der Marke. So werden einst klar profilierte Markenbilder langfristig profillos.

Als Folge dieser Entwicklungen gehen Orientierung und Vertrauen in das Einzigartige der Produkte verloren – Kunden, Mitarbeitern und nicht zuletzt den Markenmanagern ist nicht mehr klar, für was die Marke (Produktpersönlichkeit) steht und welchen einzigartigen und dauerhaften Nutzen sie bietet. Das Interesse der Konsumenten lässt nach, ursprünglich stabile Beziehungen lockern sich.

Selbst in der Investitionsgüterindustrie, zum Beispiel im Maschinenbau, unterscheiden sich die Produkte aus Sicht der Kunden kaum noch: Alle Produkte sind technisch auf höchstem Niveau. Weiterentwicklungen sind oft nur minimal und – wenn überhaupt – für den Kunden nicht mehr als deutlicher Wettbewerbsvorteil erkennbar. Bedeutsame Neuprodukte sind heutzutage selten. Sie sind vor allem dort zu finden, wo ein Produkt in neue Nischen vordringt, wie im Fall von Red Bull, Danone Actimel und dem Ökodrink Bionade. Die oft einzige Möglichkeit, sich in gesättigten Märken abzugrenzen, ist die Unterscheidung in der Kommunikation – der Produktwettbewerb wird ersetzt durch die Optimierung der gesamten Wahrnehmungsqualität des Unternehmens und seiner Leistungen.

Eine Herausforderung für die Unternehmen ist daher, ihren Marktpartnern, also Kunden, Lieferanten und dem Handel, eine stärkere Orientierung und Sicherheit zu bieten. Dies ermöglicht Identifikation und schafft Vertrauen, das langfristige Beziehungen sichert.

Ermöglichen Sie Ihren Bezugsgruppen Orientierung und Identifikation. Erzeugen Sie Sicherheit und Vertrauen.

Dies ist jedoch viel schwieriger geworden aufgrund des enorm gestiegenen Informationsangebotes: Dieses ist derart gewachsen, dass Werber heute dreimal so große Budgets brauchen als noch vor zehn Jahren, um dieselbe Käuferzahl zu erreichen.

Diese Informationsflut führt dazu, dass Menschen stärker Informationen auswählen: Der Konsument nimmt nur noch zwei Prozent der angebotenen Informationen wahr – von 100 Seiten einer Zeitschrift also lediglich zwei. Noch eine wichtige Zahl: In Zeitschriften werden Anzeigen nur knapp zwei Sekunden lang beachtet, selbst in Fachzeitschriften etwa drei bis vier Sekunden. In der Fachsprache wird dieses Missverhältnis aus angebotenen und verarbeiteten Informationen als „Information Overload" bezeichnet, als Informationsüberlastung.

- Zunehmender Wettbewerb in allen Branchen
- Austauschbare Produkte
- Produktqualität mittlerweile selbstverständlich
- Markeninflation durch Pseudo-Marken und Me-too-Produkte
- Zunehmende Markenflut
- Zunehmende Produktflops
- Erweiterungen, hastige Konzeptionswechsel und Umpositionierungen verwässern ursprünglich klar profilierte Marken
- Ausweitung starker Handelsmarken
- Kurzfristiges Erfolgsstreben von Managern
- Erschwerte Kommunikation durch enorm gestiegenes Informationsangebot

---

Abb. 1.1: Überblick über die wichtigsten Veränderungen auf den Märkten

Unternehmensimage wird immer wichtiger

Insgesamt wird es für Unternehmen immer schwerer, ihre Marken gezielt am Markt zu profilieren. Große Potenziale können Sie nutzen, wenn sich Unternehmensimage und Markenimage wesentlich stärker gegenseitig stützen:

- **Unternehmensimage entscheidet über den Produktkauf:** Steht ein Käufer vor dem Kühlregal in einem Supermarkt, entscheidet er sich bei ähnlichen Produkten und Preisen für jenes Unternehmen, das er kennt und sympathisch findet; fast 70 Prozent kaufen keine Waren von Unternehmen, von denen sie eine schlechte Meinung haben, so das Ergebnis der Stern-Studie „Dialoge 4".

- **Konsumenten kaufen aufgrund guter Erfahrungen mit dem Unternehmen:** Konsumenten könnten Produkte schon deshalb kaufen, weil sie gute Erfahrungen mit dem Hersteller gemacht haben. Das Unternehmen muss daher den Konsumenten klipp und klar sagen, was es kann, was es von anderen unterscheidet und welchen einmaligen Nutzen es bietet.

- Unternehmensimage stützt Neueinführungen: Innovationen gelten als Wachstumsmotor im Marketing. Neueinführungen werden es leichter haben, wenn sie von einem positiven Unternehmensimage profitieren können.
- Vertrauen in die Marke bedeutet Vertrauen in das Unternehmen: Der Konsument kann ein positives Bild vom Unternehmen gewinnen, weil er dessen Marken kennt und schätzt.

Unternehmen wie Schwartau, Henkel (Persil) und Beiersdorf (Nivea) investieren viele Millionen Euro in Maßnahmen, um das Unternehmen hinter den Marken bekannt zu machen. Der Kommunikationschef eines Großkonzerns sagte im Interview mit dem Branchenblatt w&v: „Es reicht nicht, der unbekannte Riese zu sein. Denn alles, was unbekannt oder nur wenig bekannt ist, erweckt kein Vertrauen."

Immer mehr Menschen wollen wissen, welches Unternehmen hinter den Produkten steht und welche Haltung dieses Unternehmen hat und lebt. Für die Bewertung der Marke entscheidend können Themen wie soziale Verantwortung (Corporate Social Responsibility), Umweltschutz und Arbeitsbedingungen sein. Kraft Foods stellt viele erfolgreiche Marken wie Milka her, doch zunehmend ist der Konzern mit der Kritik konfrontiert, dass solche Marken für das zunehmende, gesundheitsgefährdende Übergewicht von Kindern mitverantwortlich seien. Weitere Kritik betrifft die Themen Ernährung und Umweltschutz. Zeigt ein Unternehmen in seiner Werbung Fotos von ölverklebten Vögeln, engagiert sich aber im Rennsport, kann dies an der Glaubwürdigkeit zweifeln lassen.

Das Corporate Identity Management sollte solche Wechselwirkungen zwischen Unternehmensimage und Produktimage künftig wesentlich stärker berücksichtigen.

Unternehmensimage und Markenimage sollten Sie aufeinander abstimmen und hierdurch deren Kraft stärken. Optimal wäre, wenn sich die Images Ihres Unternehmen und seiner Marken gegenseitig stärken.

Henkel steckt seit Jahren viele Millionen Euro in Kampagnen, um das Unternehmen hinter seinen Marken (Persil etc.) bekannt zu machen.

Entwicklung der Unternehmen

Unternehmen reagieren auf den zunehmenden Wettbewerb, indem sie komplexer, schneller und internationaler werden.

Entwicklung 1: Firmen werden komplexer

Noch nie hat es so viele Firmenzusammenschlüsse und Kooperationen gegeben wie in den vergangenen Jahren. Branchenstudien zeigen, dass kaum ein Unternehmen noch die gleiche Struktur hat wie vor fünf oder gar zehn Jahren. Diese Firmenzusammenschlüsse bringen den Unternehmen viele Vorteile:

- Risikostreuung: Durch den Erwerb neuer Geschäftsfelder streuen die Unternehmen das unternehmerische Risiko und sichern ihren Erfolg breiter ab. Zum Beispiel steigen Reiseveranstalter zusätzlich in das Geschäft mit Autovermietungen und Versicherungen ein.
- Synergien: Sie entstehen vor allem dadurch, dass nach dem Zusammenschluss beide Vertriebsorganisationen zusammengelegt und die Belegschaft verkleinert wird. In der Produktion führen Firmenfusionen dazu, dass Herstellungsbetriebe schließen.
- Komplettlösungen: Unternehmen können durch Zukauf und Übernahmen ihre Produktpalette vervollständigen, ohne selbst aufwändig und risikoreich neue Produkte entwickeln zu müssen. Für die Firmen haben Komplettlösungen den Vorteil, dass sie nicht mehr nur einzelne Marktsegmente abdecken, sondern den gesamten Markt bedienen können.

Zum Beispiel prägt längst nicht mehr nur der Golf das Bild der Marke Volkswagen, sondern mehrere Produktlinien – vom Lupo über den Passat bis hin zum Bentley und zum Porsche.

So attraktiv Zusammenschlüsse für die Unternehmen auch sein mögen: Mega-Mergers haben ihre Schattenseiten, wie die Auswirkungen auf die Organisation und die internen Strukturen der Unternehmen zeigen:

- **Kaum Koordination und Abstimmung:** Nicht selten hat ein Konzern mehrere Marketingabteilungen mit noch mehr Units, die alle ein Eigenleben führen: Eine Unit ist zuständig für Produkte, eine für Preise, eine für Distribution und eine für Kommunikation. Eine Unit vermarktet Marke A und die andere Marke B, ohne gegenseitige Auswirkungen zu beachten und Absprachen zu treffen. Das Gleiche geschieht in den Kommunikationsabteilungen mit Werbung, Verkaufsförderung und Public Relations.
- **Bereichsegoismus:** Jeder Bereich optimiert nur sich selbst. Wir-Gefühl geht verloren und macht Eigenbrötelei Platz, die den internen Arbeitsablauf stört und die Koordination und den Zusammenhalt hemmt.
- **Akzeptanzprobleme:** Das Stammpersonal erkennt zugekaufte Marken nicht als eigene an. Dies wird als „not invented here"-Syndrom bezeichnet, zu Deutsch „Das haben wir aber nicht selbst entwickelt", das selbst erfolgreiche Firmen wie Hewlett-Packard kennen und fürchten, denn diese Marken werden ohne die erforderliche Beachtung und Fürsorge weitergeführt.

Mit jeder Unternehmenserweiterung verlieren die internen und externen Bezugsgruppen weiter den Überblick und erkennen den ursprünglichen Unternehmenssinn nicht mehr.

Entwicklung 2: Unternehmen werden internationaler

Aufgrund gesättigter Heimatmärkte weiten viele Unternehmen ihre Absatzmärkte aus: Sie werden international, multinational oder sogar global. „Global Player" sind Unternehmen, die weltweit mit allen wichtigen Unternehmensfunktionen vertreten sind. Der Heimatmarkt und der Firmensitz spielen eine untergeordnete Rolle. Die Aussichten für global agierende Unternehmen sind verlockend. Denn heutzutage muss es keine Entscheidung mehr sein, der Billigste zu sein, also Kostenführer, oder der Beste, also Qualitätsführer: Durch große Absatzmengen produzieren die Unternehmen günstig. Gleichzeitig sind sie die Besten, weil sie weltweit ihre Erfahrungen und Ressourcen in Kompetenzzentren („Centers of Competence", mehrere Zentren weltweit) und Exzellenzzentren („Centers of Excellence", ein Zentrum weltweit) bündeln.

Die Internationalisierung ändert das Selbstverständnis über Unternehmen: Früher waren viele mittelständische Unternehmen lokal verankert, ihre Mitarbeitenden haben sich deshalb wohlgefühlt, weil das Unternehmen überschaubar war, man viele Kollegen durch die Nähe persönlich kannte und im wahrsten Sinn des Wortes ihre Sprache gesprochen hat. Die Internationalisierung ändert all dies: Das Unternehmen wird in Gebieten auf der Erde tätig, in denen die Mitarbeitenden noch niemals waren, sie haben Kollegen, deren Sprache sie schlecht sprechen oder überhaupt nicht verstehen. Sie fragen sich: Wer sind wir eigentlich noch? Eine der wichtigsten Aufgaben der Internationalisierung ist daher, den eigenen Mitarbeitenden zu erklären, aber auch den Kunden, Journalisten, Geldgebern zu vermitteln, woher das Unternehmen kommt, wo es heute steht und wohin es sich entwickelt. Wenn Ihr Unternehmen weltweit als Einheit wirken soll, müssen allen Beteiligten gemeinsame Spielregeln bekannt sein und diese müssen die Spielregeln einhalten.

Entwicklung 3: Firmen werden schneller

In Zeiten austauschbarer Produkte, zunehmender Konkurrenz, gesättigter Märkte und rasanten Technologiefortschritts nutzen viele Firmen die Zeit als Erfolgsfaktor. Das Motto lautet: „Die Schnellen fressen die Langsamen." Diesem Wettlauf haben sich Firmen wie Siemens, Honda und das amerikanische Telekommunikationsunternehmen AT&T angeschlossen.

Die Umsetzungskonzepte heißen Lean Management, Reengineering und Flexibilisierung. Dabei beschränken sich die Maßnahmen zur Steigerung der Schnelligkeit nicht auf einzelne Abteilungen oder Funktionen, sondern sie erstrecken sich auf die gesamte Wertschöpfungskette – von Forschung und Entwicklung über die Produktion bis hin zum Marketing. Schnelligkeit hat jedoch auch ihre Grenzen, nämlich dort, wo sie den Produktkauf verhindert, weil die Konsumenten auf billigere und ausgereifte Modelle warten.

1.3   Folge dieser Entwicklungen

Als Folge dieser Entwicklungen in den Unternehmen verlieren interne und externe Bezugsgruppen den Überblick: Sie wissen nicht, was sich hinter Kunstnamen wie Avanza, Avensis, Aventis. Accenture verbirgt und für welche Werte diese Namen stehen. Und für was steht Inventis? Invensys? Inventys?

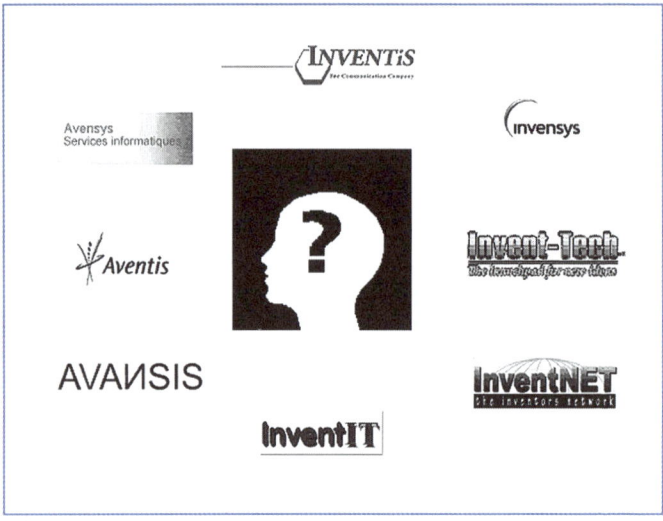

Abb. 1.2: Namen werden austauschbar

Selbst etablierte Unternehmen haben mit ihrem Image zu kämpfen: Volkswagen hat an Profil verloren, weil der Kunde dort mittlerweile jeden Autotyp kaufen kann: billige und teure, schnelle und langsame, sportliche und wirtschaftliche.

Mit jeder Erweiterung der Firma, die mitunter jährlich stattfindet, verlieren die internen und externen Bezugsgruppen fortlaufend den Überblick und erkennen den ursprünglichen Unternehmenssinn nicht mehr. Siemens ist mittlerweile auf so vielen Gebieten tätig, dass die Firmenleitung kaum noch verständlich und anschaulich erklären kann, wofür das Unternehmen noch steht und was die Klammer über alle Konzernbereiche bildet.

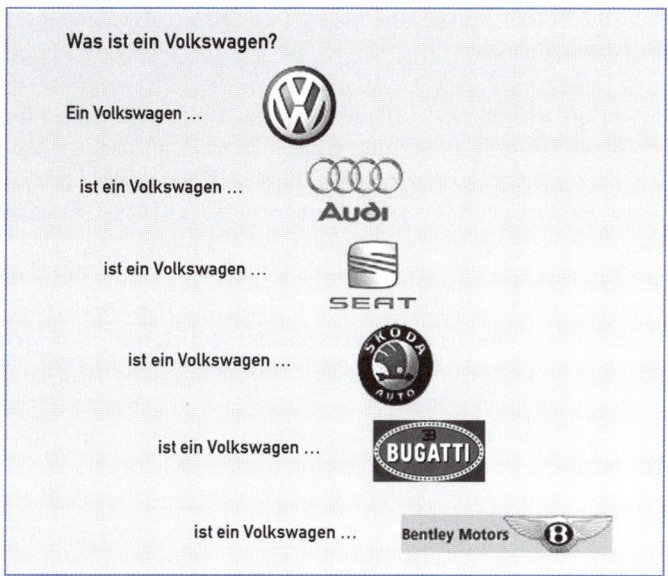

Abb. 1.3: Marken unter dem Dach von Volkswagen

Veränderungen im Unternehmen sind dann am besten zu verstehen, wenn die Bezugsgruppen verstehen, woher das Unternehmen kommt, wo es steht und wohin es sich entwickeln will. Die bisher übliche Kommunikation von Entscheidungen wird ersetzt durch die Kommunikation von Prozessen.

Diese Entwicklungen unterstreichen, wie wichtig professionelles Corporate Identity Management (CIM) geworden ist: Es sorgt dafür, dass die Bezugsgruppen das Unternehmen wahrnehmen, erkennen, erinnern und bevorzugen.

Wichtige Bezugsgruppen erfahren, welche Werte und Normen dem unternehmerischen Handeln zugrunde liegen, damit sie entscheiden können, ob sie das Handeln unterstützen oder nicht. Die Bezugsgruppen können sich mit den Unternehmenswerten identifizieren, was Vertrauen schafft und langfristige Beziehungen sichert. Dies gilt sowohl für die internen als auch für die externen Bezugsgruppen.

> ▶ **Ihr Unternehmen sollte zeigen: Das sind wir, das können wir und das wollen wir!**

Besonders wichtig ist die starke Unternehmenspersönlichkeit für Unternehmen mit einer undurchschaubaren Angebotsfülle (Autos, Zigaretten etc.), bei Produkten, die sich kaum rational prüfen lassen (Technikgeräte etc.) oder bei Luxusartikeln (Uhren, Taschen etc.).

Corporate Identity Management ist nicht mehr nur für die Konsumgüterindustrie wichtig, sondern auch für Dienstleistungen (Allianz, Axa, Yahoo etc.), Investitionsgüter (Intel, IBM, Gore Tex etc.) und für den Handel (Douglas, Media Markt, Otto etc.).

Wie wichtig ein klares und abgegrenztes Unternehmensimage ist, zeigt die Schätzung von Finanzexperten, dass der Börsenwert eines Unternehmens wesentlich von immateriellen Faktoren bestimmt ist – und dazu gehört seine Unternehmenspersönlichkeit: Die Finanzgemeinde will nicht nur gute Zahlen sehen, sondern auch von einer starken und schlüssigen Zukunftsgeschichte, auch Equity Story genannt, fasziniert und begeistert werden. Diese Erfolgsgeschichte kann das CI-Management entwickeln und vermitteln (siehe ausführlich das Kapitel über Storytelling in Kap. 9.4.4).

Entwicklung	Konsequenz für das Corporate Identity Management (CIM)
▪ Produkte und Leistungen unterscheiden sich objektiv kaum noch. Der harte Wettbewerb wird weiter zunehmen. ▪ Unternehmen verändern sich und werden komplexer, internationaler und schneller. ▪ Werte verschieben sich von sachlich-rationalen Werten hin zu emotionalen Werten.	▪ Das Unternehmen kann sich im Markt durch seine Unternehmenspersönlichkeit profilieren. ▪ Das CIM muss Orientierung und Vertrauen durch die starke und einzigartige Unternehmenspersönlichkeit ermöglichen. ▪ Das CIM muss die Bezugsgruppen einbeziehen und deren Gefühlswelt wesentlich stärker berücksichtigen (Events etc.).

Abb. 1.4: Wichtige Entwicklungen und deren Konsequenzen für das CIM

Diese Entwicklungen in der Gesellschaft bedeuten für das Corporate Identity Management, dass es den Mitarbeitern erklären muss, warum es das Unternehmen gibt (Legitimation) und warum es sich lohnt, für seine Ziele einzutreten. Das CIM muss wesentlich stärker die Bezugsgruppen einbeziehen und deren Gefühlswelt berücksichtigen, zum Beispiel durch kraftvolle Bilderwelten und Events (siehe Kap. 4).

Kommunikation ändert sich durch digitale Medien

Zu den gravierenden Veränderungen in den vergangenen Jahren gehört die enorm gestiegene Bedeutung von digitalen Medien, allen voran das Internet. Für die Unternehmen sind die Veränderungen ebenfalls mit Konsequenzen verbunden:

- **Konsequenzen für das Selbstverständnis:** Unternehmen sollten beschreiben, wie sie ihr Selbstverständnis im Hinblick auf die Vernetzung mit anderen Menschen sehen, welche Wünsche, Erwartungen sie selbst an den Austausch haben, aber auch, welche Erwartungen andere Menschen an sie richten.
- **Vermittlung der Unternehmenspersönlichkeit:** Eine wichtige Frage ist auch, welche Konsequenzen die digitalen Medien haben, um die eigene Unternehmenspersönlichkeit optimal zu vermitteln – immerhin bietet zum Beispiel das Internet die Möglichkeit, sein Erscheinungsbild zu zeigen, mit Menschen zu reden und durch eigenes Verhalten zu beweisen, was das Unternehmen in der Kommunikation verspricht.

Fazit 1.4

Die Entwicklung der Märkte, der Unternehmen und der Kommunikation zeigt, wie wichtig professionelles CIM geworden ist:

Es sorgt dafür, dass Unternehmen und ihre Leistungen wahrgenommen, erkannt und erinnert werden. Wichtige Bezugsgruppen erfahren, welche Werte dem Unternehmenshandeln zugrunde liegen. Dies ermöglicht ihnen zu entscheiden, ob sie dieses Handeln unterstützen wollen oder nicht.

Gründe für Corporate Identity Management

Für Corporate Identity Management gibt es viele Anlässe, zum Beispiel:

- Das Unternehmen produziert am Markt vorbei.
- Es gibt Änderungen in der öffentlichen Meinung, zum Beispiel zur unternehmerischen Verantwortung und zum Umweltschutz.
- Aufgaben und Produkte ändern sich.
- Das gesellschaftliche Umfeld ändert sich.
- Das Image des Unternehmens wird bei Banken und Aktionären immer schlechter.
- Das Unternehmen gerät zunehmend unter Beschuss von Kritikern.
- Kunden laufen davon.
- Bewegung und Risikobereitschaft fehlen.
- Das Unternehmen plant eine Börseneinführung.
- Die Geschäftsführung mischt sich überall ein.
- Der Markt ändert sich gravierend.
- Die Konkurrenz ist groß.
- Der Krankenstand ist hoch, es gibt viel Ausschuss und Fluktuation.
- Die Identität ist nicht mehr stimmig.
- Das Unternehmen erweitert sein Geschäft – zum Beispiel in andere Länder.
- Das Unternehmen ist nicht bekannt genug.
- Das Unternehmen wächst schnell.
- Kunden sehen das Unternehmen anders als gewollt.
- Das Image des Unternehmens verschlechtert sich zusehends.
- Information ist ein Machtinstrument.
- Intrigen und Misstrauen lähmen das Betriebsgeschehen.
- Das Unternehmen verfügt über kein Leitbild, das Orientierung bietet.
- Es gibt keine neuen Produkte und Ideen in der Pipeline.
- Die Kommunikation im Unternehmen ist gestört.

- Die Firma ist in einer krisenanfälligen Branche tätig.
- Das Unternehmen hat eine lähmende Bürokratie.
- Das vorhandene Leitbild ist zu restriktiv und erlaubt kein flexibles Anpassen an Marktverhältnisse.
- Das Management oder die Geschäftsführung wechseln.
- Neue oder vorhandene Marken profitieren nicht vom Unternehmensimage.
- Neue Produkte leiden unter dem Ruf des Unternehmens.
- Das Unternehmen hat Probleme, Stellen mit qualifizierten Bewerbern zu besetzen.
- Probleme werden nicht offengelegt und gelöst, sondern unter den Tisch gekehrt.
- Produkte aus zugekauften Unternehmen werden nicht akzeptiert (Not-invented-here-Syndrom).
- Ressorts und Abteilungen führen ein Eigenleben.
- Die Führungskräfte scheuen sich davor, Entscheidungen zu treffen.
- Das Unternehmen führt Umstrukturierungen durch, wie zum Beispiel Zusammenschlüsse, Akquisitionen, neue strategische Ausrichtungen.
- Ein Betrieb ist umgezogen.
- Die Firma ist an der Börse unterbewertet.
- Das Unternehmen ist auf Fachleute angewiesen wie Computerexperten, Erfinder, Manager.
- Das Unternehmen betreibt eine verwirrende Informationspolitik.
- Viele ähnliche Produkte sind auf dem Markt.
- Die Unternehmensziele oder die Strategie ändern sich.

Abb. 1.5: Gründe für ein CI-Programm

Reflexion

- Listen Sie die wichtigsten Veränderungen auf, denen Ihr Unternehmen in den vergangenen Jahren ausgesetzt war.

- Listen Sie auf, welche Entwicklungen der kommenden Jahre sich auf Ihr Unternehmen auswirken.

- Prüfen Sie, welche Bedeutung Ihr Selbstverständnis im Unternehmen und das Vorstellungsbild Ihrer wichtigen internen und externen Bezugsgruppen für diese Veränderungen hat.

Der Begriff

Fast jeder kennt den Begriff Corporate Identity, aber viele verwenden ihn unterschiedlich, weil es kein einheitliches Begriffs-
verständnis gibt. Sinnvoll ist daher, erst einmal zu klären, was
sich hinter diesem Begriff verbirgt.

In diesem Kapitel lernen Sie,

wofür genau der Begriff Corporate Identity steht.

2

Den Begriff Corporate Identity haben die beiden Unternehmer J. Gordon Lippincott und Walter P. Margulies entwickelt. 1945 gründeten sie die Agentur Lippincott & Margulies, die zuerst auf Verpackungsdesign und die Identität von Markenprodukten ausgerichtet war. In den 1960er-Jahren schufen sie die Bezeichnung CI und boten fortan die ganzheitliche Gestaltung von Unternehmenspersönlichkeiten an. In Deutschland begann sich der Begriff in den 1980er-Jahren durchzusetzen.

Was bedeutet der Begriff?

- **Corporate:** Das Wort „Corporate" stammt aus der englischen Sprache und bedeutet zum einen „Kooperation", „Verein", „Gruppe", „Unternehmen", „Zusammenschluss"; zum anderen steht das Wort für „vereint", „gemeinsam", „gesamt". Es geht also um eine Organisation oder eine Gemeinschaft als Ganzes: ob Unternehmen, Verein, Verband, Partei, Gewerkschaft, Polizei, Kirche, Stadt, Region oder Land.
- **Identity:** „Identity" bedeutet Selbstverständnis: Wer bin ich? Was kann ich? Was will ich? Wer bin ich in den Augen anderer? Wer will ich in den Augen anderer sein? Die Identität eines Unternehmens ergibt sich aus dem gemeinsamen Selbstverständnis aller Mitarbeiter über die Unternehmenspersönlichkeit. Dieses Selbstverständnis entsteht aus der Beziehung zwischen innen und außen. Sie zeigt sich im Denken, Handeln und den Leistungen des Unternehmens. Je mehr Mitarbeiter in dieser Einschätzung übereinstimmen, desto einheitlicher und ausgeprägter ist das gemeinsame Selbstverständnis über die Unternehmenspersönlichkeit. Bestehen dagegen sehr unterschiedliche Vorstellungen über das Selbstverständnis, kann das Unternehmen keine klare eindeutige Persönlichkeit vermitteln – es gilt als unklar und diffus.
- **Management:** Der Begriff steht für das systematische und langfristige Vorgehen aus Analyse, Planung, Gestaltung und Kontrolle (siehe Kap. 9).

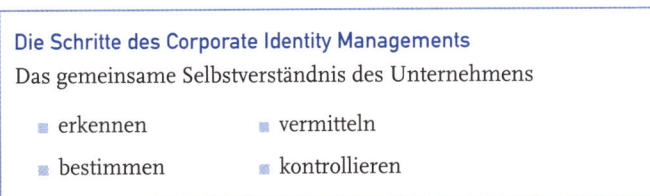 Corporate Identity Management ist die systematische und langfristige Gestaltung des gemeinsamen Selbstverständnisses eines Unternehmens über seine Unternehmenspersönlichkeit!

Corporate Identity Management kann das Selbstverständnis des Unternehmens erkennen, gestalten, vermitteln und prüfen: Das Unternehmen erkennt bewusst und in einem systematischen Prozess seine Persönlichkeit und vergleicht diese mit Wünschen und Erwartungen von Mitarbeitern und externem Umfeld. Auf dieser Basis entscheidet sich das Unternehmen, ob es sein gemeinsames Selbstverständnis ändern muss und wie es sein soll.

Die Schritte des Corporate Identity Managements

Das gemeinsame Selbstverständnis des Unternehmens

- erkennen
- bestimmen
- vermitteln
- kontrollieren

Abb. 2.1: Die Schritte des CIM

Diese angestrebte Unternehmenspersönlichkeit wird durch das Erscheinungsbild (Corporate Design), Kommunikation (Corporate Communication) und Verhalten (Corporate Behaviour) nach innen und außen vermittelt. Das gemeinsame Selbstverständnis wird auch immer wieder kritisch geprüft, um festzustellen, ob es weiterhin den sich ändernden internen und externen Erwartungen und Anforderungen gerecht wird.

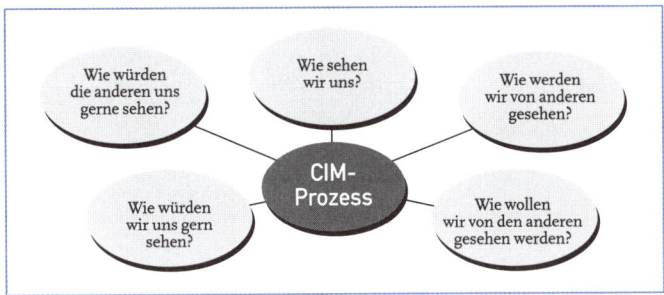

Abb. 2.2: Spannungsfeld des CIM-Prozesses

Wichtig ist, dass ein Unternehmen nicht nur erkennt, was es sein will, sondern auch, wie es durch die eigene Kompetenz und Leistung glaubhaft sein kann. Will sich das Unternehmen stärker dem Umweltschutz verpflichten, muss es dies auch umsetzen können. Und: Das Unternehmen muss prüfen, ob das, was es kann, auch vom Umfeld so gesehen und akzeptiert wird.

Für diesen Prozess wird seit kurzer Zeit auch der Begriff Corporate Brand verwendet. Diesem Begriff liegt die Überlegung zugrunde, das Unternehmen zur Marke (Brand) zu machen, also ihm ähnlich dem Produkt eine Persönlichkeit zu verleihen, die das Unternehmen aus der Masse heraushebt und einzigartig macht. Da es in allen Fällen darum geht, durch starke Persönlichkeiten Orientierung und Vertrauen zu ermöglichen, geht dieses Buch davon aus, dass Markenführung die systematische und langfristige Gestaltung der Produktpersönlichkeit ist, CIM die systematische und langfristige Gestaltung der Unternehmenspersönlichkeit.

Corporate Identity	Selbstverständnis eines Unternehmens über seine Unternehmenspersönlichkeit: Wer sind wir? Wer wollen wir sein? Wie werden wir gesehen? Wie wollen wir gesehen werden?
Corporate Identity Management	Managementprozess zur systematischen und langfristigen Gestaltung des Selbstverständnisses des Unternehmens über seine Unternehmenspersönlichkeit
Marke (Brand)	Produktpersönlichkeit
Corporate Brand	Ein Unternehmen zur Marke machen, also zur Produktpersönlichkeit
Corporate Brand Management	Managementprozess zur systematischen und langfristigen Gestaltung des Selbstverständnisses des Unternehmens über seine Unternehmenspersönlichkeit Gleichzusetzen mit CI-Management

Abb. 2.3: Begriffe und was sie bedeuten

Corporate Identity Management ist demnach:

- Ganzheitlich: CIM ist ein Mosaik, in dem alle Steine vorhanden sein müssen, damit ein komplettes Bild entsteht. CIM berührt nicht nur das Marketing oder die Public Relations, sondern auch alle anderen Funktionen wie Personal oder Produktion. CIM berücksichtigt nicht nur das Unternehmensumfeld, sondern auch die eigenen Mitarbeiter. Das Selbstverständnis wird nicht nur durch das visuelle Erscheinungsbild (Design) vermittelt, sondern auch durch Kommunikation und Verhalten. Diese ganzheitliche Sicht macht das Corporate Identity Management zum wichtigen Bestandteil der strategischen Unternehmensführung.

- Systematisch geplant: Corporate Identity Management bedeutet nicht planlosen Aktionismus durch das Renovieren des Unternehmenslogos, eine Neujahrsansprache des Firmenchefs oder eine Aufsehen erregende Werbekampagne. Identitätsprobleme müssen sorgfältig und zuverlässig aufgedeckt, wirkungsvoll gelöst und das Ergebnis bewertet werden. Ein solches Konzept gewährleistet, dass ein Unternehmen vorausschauend seine Chancen erkennt und seine Zukunft erfolgreich gestaltet.

- Aktiv: Jedes Unternehmen hat eine Unternehmenspersönlichkeit – und sei es eine schwache. Corporate Identity Management bedeutet, diese Persönlichkeit zu erkennen und das gemeinsame Selbstverständnis über diese Unternehmenspersönlichkeit im Spannungsfeld eigener Stärken und Schwächen, den internen und externen Erwartungen und Wunschen aktiv zu entwickeln.

- Kontinuierlich: Da sich das Unternehmen und sein Umfeld ständig ändern, ist Corporate Identity Management ein lebendiger und kontinuierlicher Prozess, der die Entwicklungen des Marktes und des gesellschaftlichen Umfeldes vorwegnehmen sollte.

- Langfristig: Corporate Identity Management ist weder Schnellschuss noch Feuerwehr in einer Krise. Durch spektakuläre aber vordergründige Maßnahmen leidet die Glaubwürdigkeit. Vertrauen kann verloren gehen. Wer also Erfolge quasi über Nacht durch ein neues Briefpapier und einige

Werbeplakate erwartet, sollte Zeit, Mühe und Geld sparen.
Ein gemeinsames Selbstverständnis entwickelt sich langsam
– ebenso das gewünschte Image bei den wichtigen Bezugsgruppen.

Reflexion

- Stellen Sie sich vor, wie Sie einem Kollegen das Konzept
  des Corporate Identity Managements erklären.

- Erklären Sie ihm die Bestandteile des Begriffs.

- Erklären Sie ihm den Managementprozess.

Die Unternehmens-
persönlichkeit

Ein Unternehmen besteht aus der Summe der Persönlichkeiten seiner Mitarbeitenden. Daher ist es sinnvoll, auch das Unternehmen als Persönlichkeit zu begreifen, die eine Geschichte hat, die im Hier und Heute lebt und die sich entwickelt.

3

Jedes Unternehmen hat eine Persönlichkeit – und sei es eine schwache!

Im Zentrum des Corporate Identity Managements steht daher der Aufbau und die systematische Entwicklung der Unternehmenspersönlichkeit.

In diesem Kapitel lernen Sie,

wie Sie die Einzigartigkeit Ihrer Unternehmenspersönlichkeit aufdecken und ein gemeinsames Selbstverständnis darüber finden, um dann auf dieser Basis diese Persönlichkeit systematisch und langfristig zu gestalten und zu entwickeln.

Die Unternehmenspersönlichkeit ist – wie die Persönlichkeit des Menschen – durch ein Merkmal oder mehrere gekennzeichnet, die dieses Unternehmen dauerhaft von anderen Unternehmen unterscheidet: Volvo steht für Sicherheit, Mercedes für Qualität, BMW für sportliches Fahren.

Wie die starke Persönlichkeit des Menschen in einer Gruppe hebt sich die starke Unternehmenspersönlichkeit wie ein Leuchtturm in der Flut von Unternehmen ab. Durch seine einzigartigen und unverwechselbaren Merkmale wird das Unternehmen für andere vertrauenswürdig und gilt als verlässlich, denn man weiß, mit wem man es zu tun hat: Yahoo steht für hochwertige Informationsaufbereitung, die Handelskette Body Shop steht für soziale Verantwortung, Disney für Familienwerte. Diese Merkmale sind für die Bezugsgruppen bedeutend und machen das Unternehmen für diese so attraktiv.

Die starke Unternehmenspersönlichkeit präsentiert sich durchgängig in allen Kontakten mit den Bezugsgruppen – also in Design, Kommunikation und Verhalten. In jedem Kontakt erkennen die Bezugsgruppen die Unternehmenspersönlichkeit. Jedoch ist es das Problem vieler Unternehmen, dass sie austauschbar erscheinen, weil ihnen in den Augen ihrer Bezugsgruppen jegliche Einzigartigkeit und Stärke fehlen. Hier kann ein CIM-Prozess helfen, der die Aufgabe hat, die Unternehmenspersönlichkeit systematisch und langfristig zu gestalten.

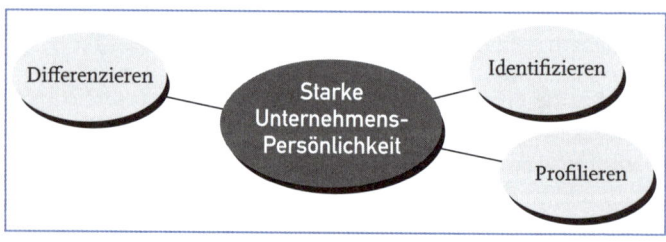

Abb. 3.1: Aufgaben der starken Unternehmenspersönlichkeit

Die starke Unternehmenspersönlichkeit dient somit dem

- Identifizieren: Die Bezugsgruppen können das Unternehmen klar erkennen und ihm bestimmte Eigenschaften eindeutig zuordnen.

- **Differenzieren:** Die Bezugsgruppen können das Unternehmen deutlich von anderen Unternehmen unterscheiden.
- **Profilieren:** Für die Bezugsgruppen sind die Eigenschaften wichtig und sie befriedigen deren Bedürfnisse. Sie meinen, dass das Unternehmen dies aufgrund seiner Kompetenz auf einzigartige Weise leisten kann.

Viele Parallelen zwischen Mensch und Unternehmen

Die Verbindung zwischen der Persönlichkeit von Menschen und Unternehmen ist eng:

- **Unternehmen bestehen aus Menschen:** Unternehmen sind nichts anderes als die soziale, organisatorische und rechtliche Verbindung von Menschen. Menschen arbeiten in Unternehmen, gestalten und lenken sie. Sie können das Unternehmen verlassen und an anderer Stelle die gleiche Arbeit verrichten, wie das Beispiel der Topmanager zeigt, die von Unternehmen zu Unternehmen wechseln.
- **Unternehmen haben menschliche Eigenschaften:** Unternehmen lassen sich mit Eigenschaften von Menschen beschreiben als „cool", „amerikanisch", „jung", „aufregend", „unkonventionell" und „lustig". Die Bezugsgruppen können beschreiben, welches Geschlecht und welches Alter das Unternehmen hat, woher es kommt, wie seine Freunde aussehen und wie seine Feinde.
- **Unternehmen entwickeln sich ähnlich wie Menschen:** Unternehmen sind keine statischen Gebilde, sondern sie lernen, behalten ihr Wissen, verlernen es wieder und ersetzen es durch neues.
- **Das Unternehmen kann Beziehungen mit seinen Bezugsgruppen eingehen:** Das Unternehmen kann Freund sein, wie Apple (Jeder sollte einen Freund wie Apple haben) und Henkel (Henkel – A Brand like a friend), einen Kumpel zum Spaß haben (Virgin), Mentor (Microsoft), Berater (Accenture).

  (Henkel) A Brand like a friend

- **Menschen können ihre Persönlichkeit dem Unternehmen verleihen,** wie im Fall von Richard Branson (Virgin), Rolf Fehlbaum (vitra) und Michael Otto (Otto).

- **Unternehmen können menschliche Gestalt annehmen,** wie im Fall des Michelin-Männchens, Herrn Kaiser von der Hamburg-Mannheimer und Claus Hipp (Hipp Babynahrung).
- **Unternehmen werden durch einen Menschen in der Kommunikation lebendig,** wie O2 durch Franz Beckenbauer und die Deutsche Post World Net durch die Gottschalk-Brüder.
- **Selbst Tiere können die Unternehmenspersönlichkeit vermitteln,** wie der Tiger von Esso. Solche Symbole sind besonders geeignet, innere Bilder hervorzurufen, die stark wirken und das Verhalten wesentlich beeinflussen können (siehe Kapitel 4.5).

Zu den wichtigen Unterschieden zwischen den Persönlichkeiten von Menschen und Unternehmen gehört zum Beispiel, dass Unternehmen nicht altern müssen: Professionelles Identitätsmanagement kann sie jahrzehntelang jung halten. Und: Menschen können ihre Persönlichkeit selbst entwickeln, die eines Unternehmens muss gestaltet werden.

Die Persönlichkeit liefert Antworten

Das Ausrichten der Unternehmenspolitik an der Unternehmenspersönlichkeit kann viele aktuelle Fragen beantworten:

- **Klarheit:** Die Verantwortlichen werden sich klar darüber, was ihr Unternehmen kennzeichnet, was es einzigartig macht und profiliert. Viele Unternehmen wissen dies nicht. Diese Erkenntnis können sie als dauerhaften Wettbewerbsvorteil nutzen.
- **Orientierung:** Die Merkmale geben den internen und externen Bezugsgruppen Halt und Orientierung, indem sie zeigen, was stabil ist und was sich ändert.
- **Bewertungsmaßstab:** Fusionen und Akquisitionen können danach bewertet werden, ob und wie die beteiligten Unternehmen zusammenpassen.
- **Entscheidungssicherheit:** Sämtliche Instrumente der Identitätsvermittlung lassen sich an der Unternehmenspersönlichkeit ausrichten (Koordination und Kontrolle).

Die Unternehmenspersönlichkeit kann durch unterschiedliche Aspekte geprägt sein. Folgende Perioden lassen sich in Anlehnung an Birkigt/Stadler/Funck unterscheiden:

■ Traditionelle Periode: Ursprünglich prägten die Firmengründer die Unternehmenspersönlichkeit, wie Max Grundig, Werner von Siemens und Gottlieb Daimler. Sie gaben vor, für welche Werte ihr Unternehmen steht und wie die Mitarbeiter handeln sollen. Selbst als der Gründer starb oder sich zurückzog dienten seine Ideen, Visionen und Eigenheiten als Vorbilder für die nachfolgenden Manager, die im gleichen Sinn dachten, handelten und neue Mitarbeiter aussuchten. Ein Beispiel aus heutiger Zeit ist Claus Hipp (Hipp Babynahrung).

■ Marken-Periode: In den 1920er-Jahren prägte zunehmend die Marke (Produktpersönlichkeit) das Selbstverständnis des Unternehmens. Die Marke war erforderlich geworden, weil sich durch die Industrialisierung der direkte Kontakt zwischen Hersteller und Käufer auflöste. Um weiterhin das Vertrauen des Kunden zu sichern, stand die Marke für die standardisierte Fertigware mit konstant hoher Qualität, gleichartiger Verpackung, gleicher Menge und einem einheitlichen Preis. Maßgeblich für den Aufbau und die Führung von Marken war Hans Domizlaff, der den Begriff Markentechnik prägte. In seinem Buch „Gewinnung des öffentlichen Vertrauens" beschreibt er den Zusammenhang von Marke und Unternehmenspersönlichkeit so: „Die Verwendung eines Namens muss auf ein einziges Erzeugnis ... beschränkt sein ... Eine Firma für eine Marke, zwei Marken sind zwei Firmen." Domizlaff schuf für Reemtsma die Ernte 23, für Siemens das Signet und die Staubsaugermarke Rapid. Auch andere Marken entstehen: Osram bringt die gleichnamige Glühbirne auf den Markt, populär werden Maggi, Knorr und Odol-Mundwasser.

■ Design-Periode: Nach dem Zweiten Weltkrieg gewinnt die visuelle Produktgestaltung an Bedeutung. In den USA hat hierzu entscheidend Raymond Loewy beigetragen. In Deutschland gaben Wolfgang Schmittel und Otl Aicher der Lufthansa, Olivetti, Braun und den Olympischen Spielen 1972 in München die einzigartige visuelle Anmutung. Insgesamt schaffen Markentechnik und Design die gewünschte und zunehmend wichtige Abgrenzung im Wettbewerb – Ergebnis sind die klare Positionierung und zunehmendes Vertrauen in die Qualität der Produkte.

■ Image-Periode: Mitte der 1950er-Jahre rückt das Image, also das Vorstellungsbild von einem Meinungsgegenstand, ins Zentrum der Aufmerksamkeit. Die beiden Amerikaner Gardener und Lewy wiesen darauf hin, dass die Produktentscheidung maßgeblich vom Image geprägt ist, das der Konsument vom Produkt hat. Imagekampagnen verfolgen seither das Ziel, das festgelegte Firmen- und Markenbild beim Verbraucher zu erzeugen und angemessen zu gestalten. Dies soll Anonymität beseitigen und möglichst dauerhaft emotional binden. Jedoch brachten die Kampagnen oft nicht den erhofften Erfolg. Grund: Die Unternehmen versuchten, nach außen ein gutes Bild zu vermitteln, aber deren Handeln stimmte nicht mit den vollmundigen Bekundungen überein. Das Ergebnis waren Verwirrung und Unglaubwürdigkeit. Hinzu kam, dass die Mitarbeiter oft nicht in die Imagegestaltung einbezogen waren. Sie erkannten in der schillernden Kommunikation ihren Arbeitergeber nicht wieder und verloren das Vertrauen. Mehr noch: Sie erzählten von ihren widersprüchlichen Eindrücken abends am Stammtisch. Die Folge war die Erkenntnis, dass Bilder, Worte und Taten übereinstimmen müssen, um ein widerspruchsfreies Bild vom Unternehmen zu erzeugen, und dass die Mitarbeiter essenziell für den Imageaufbau sind. Das strategische Verständnis der Unternehmenspersönlichkeit entstand.

■ Strategie-Periode: In den 70er-Jahren verschmolzen Design, Verhalten und Kommunikation zu einem ganzheitlichen, strategischen Konzept: Das Unternehmen sollte seine Unternehmenspersönlichkeit kraftvoll und widerspruchsfrei in allen Darstellungsformen nach innen und außen vermitteln, also durch sein visuelles Erscheinungsbild, seine Kommunikation sowie sein Verhalten. Bis heute gelingt dies nur wenigen Unternehmen. Gründe hierfür sind zum Beispiel nicht angemessene Strukturen, Prozesse und Kulturen.

Diese Perioden sind nicht streng zeitlich zu verstehen: Zum Beispiel sind auch heute noch Unternehmen stark von der Gründerpersönlichkeit geprägt, wie zum Beispiel Swarovski; für einige spielt Design die zentrale Rolle, wie zum Beispiel Braun, Bang & Olufsen und vitra.

Kennzeichnung

Das Kennzeichen des Unternehmens, also die Markierung, ermöglicht den Bezugsgruppen, das Unternehmen klar zu erkennen und eindeutig zuzuordnen – der Mensch hat hierfür seinen Namen.

Das Kennzeichen kann ein Name, ein Logo, eine Farbe sein. Wie wichtig solche Zeichen sind, zeigt das Beispiel der Telekom, deren „T" und deren Hausfarbe Magenta fast jeder kennt. Solche Kennzeichen sind Hinweisschilder auf das Unternehmen.

Beachten Sie, dass eindeutige Kennzeichen nicht zwangsläufig für starke Unternehmenspersönlichkeiten stehen, wie die Beispiele Sprengel und Aral zeigen. Es reicht also nicht aus, wenn Bezugsgruppen den Namen oder das Logo des Unternehmens kennen; sie müssen auch wissen, wofür der Name und das Logo stehen. Die Zeichen müssen mit einer eindeutigen Bedeutung aufgeladen sein, damit sie der Mensch mit dem Unternehmen assoziiert.

Ihre Kennzeichen sollten etwas bedeuten. Die bekannte Markierung, die für nichts oder ein altes Konzept steht, hat keinen Wert!

3.3 Merkmale

Wollen Sie Ihre Unternehmenspolitik an der Unternehmenspersönlichkeit ausrichten, setzt dies voraus, dass Sie und alle Beteiligten am CIM die Unternehmenspersönlichkeit verstehen und deren Entstehung, Entwicklung und einzigartigen Merkmale kennen.

Diese Merkmale können sein:

- Hohe technische Qualität prägt zum Beispiel die Produkte von Mercedes-Benz, IBM und Gore-Tex.
- Der hohe Preis und die damit verbundene Exklusivität, wie im Fall von Cartier, Rolex und Davidoff.
- Das visuelle Erscheinungsbild kann die Persönlichkeit prägen, wie im Fall von Bang & Olufsen, Braun und Citroen.
- Die geografische Verankerung des Unternehmens ist prägend, wie im Fall von Berlin.de (Stadtportal), Club Mediterranee (Mittelmeerraum). Sie kann für Kompetenz stehen, wie die Braukunst aus Bayern, die Schneidekunst aus Solingen und die Käsekompetenz Hollands. Unternehmen aus Großbritannien werden vor allem mit Tradition, hochwertiger Qualität und einem guten Preis-/Leistungsverhältnis verbunden. Produktgruppen können mit Ländern assoziiert werden, wie Kleidung (Italien), Wein (Frankreich) und Uhren (Schweiz).
- Die kulturelle Verankerung in einer Region oder einem Land kann sich auf die Unternehmenspersönlichkeit übertragen, wie die „Deutsche Gründlichkeit" auf die Lufthansa.
- Die Geschichte des Unternehmens kann Tradition verkörpern wie im Fall von Volkswagen. Die Erinnerung an Vergangenes ist mit starken Emotionen verbunden. Nicht zuletzt der Nostalgietrend ermöglichte der Marke Harley Davidson in den 8oer-Jahren eine Wiederauferstehung. Die Geschichte spielt auch für die Ersten ihrer Branche eine Rolle, wie CNN (erster Kabel-Nachrichtensender), Intel (erstes Unternehmen für Mikroprozessoren).
- Die Bedeutung als Marktführer kann die Persönlichkeit prägen, wie im Fall von L'Oreal und Philip Morris.

- Die Branchenzugehörigkeit kann wichtig sein, um neue Märkte zu erobern: Die Uhren von Ferrari sind vom Ursprung in der Autoindustrie geprägt. Produktshops von Amazon, zum Beispiel Videospiele, Software und Elektronik, können vom Vertrauenskapital des Stammunternehmens profitieren.
- Die Zugehörigkeit zum Konzern kann wichtige Stütze der Unternehmenspersönlichkeit sein: Seat und Skoda sind eng mit dem Volkswagen-Konzern verbunden.
- Der Vertriebsweg kann eine zentrale Rolle für die Unternehmenspersönlichkeit spielen wie im Fall von Vorwerk, Tupperware und Avon. Dies gilt auch für eBay, Dell und Yahoo, die eigens für das Internet geschaffen wurden.

Die Kompetenz des Unternehmens betrifft zum Beispiel dessen Herkunft und Alter und bildet die Wurzeln der Unternehmenspersönlichkeit ab.

Eigenschaften 3.4

Starke Persönlichkeiten entwickeln sich im Austausch mit dem Umfeld: Nur so erfahren die Bezugsgruppen, was das Unternehmen auszeichnet und einzigartig macht; nur so erfahren die Manager von den Wünschen und Erwartungen ihrer Bezugsgruppen. Robinson konnte auf seiner einsamen Insel nicht herausfinden, was ihn kennzeichnet und einzigartig macht!

Studien haben herausgefunden: Je intensiver der Austausch, desto stärker nähern sich Selbst- und Fremdbild an. Damit steigt auch das dem Unternehmen entgegengebrachte Vertrauen.

Tauschen Sie sich möglichst stark mit Ihren Mitarbeitenden und Ihren externen Bezugsgruppen aus.

Wichtig ist, dass sich Ihr Unternehmen zwar den Interessen, Erwartungen und Wünschen des Umfeldes anpassen sollte, aber es darf nicht seine Eigenständigkeit aufgeben: Disney ist eine Firma, die ihre konservativen Familienwerte auch dann behalten hat, als dies ziemlich unpopulär war. Heute zeigt sich, dass dies richtig und glaubwürdig war.

Aber Vorsicht: Viele Unternehmen werden durch das falsch verstandene Postulat der konsequenten Ausrichtung auf ihre Bezugsgruppen zum Nachläufer von Moden, indem sie einzig den aktuellen Wünschen der Bezugsgruppen entsprechen wollen. Die Gefahr ist jedoch, dass sie nach einiger Zeit nicht mehr wissen, wer sie eigentlich sind und was sie einzigartig gut und kompetent leisten können.

Richten Sie sich nach Ihrem Umfeld aus, aber bleiben Sie sich treu.

Bleibende und verändernde Merkmale

Ähnlich der Persönlichkeit des Menschen entwickelt sich die Unternehmenspersönlichkeit über längere Zeit. Und wie ein Mensch verfügt die Unternehmenspersönlichkeit über konstante und variable Merkmale: Die Konstanten bilden den Kern der Persönlichkeit, der den internen und externen Bezugsgruppen Halt und Orientierung gibt. Ändern sich die zentralen Werte, ändert sich die Unternehmenspersönlichkeit. Für Ihr CIM sollte Sie daher über Durchhaltevermögen und Konsequenz verfügen

Allerdings muss sich Ihre Unternehmenspersönlichkeit entwickeln, sonst bleibt sie stehen. Daher sollten Sie jene Variablen bestimmen, die sich im Zeitverlauf ändern, ohne den Kern Ihrer Unternehmenspersönlichkeit zu bedrohen. Wie diese Variablen ausgeprägt sind, hängt vom Unternehmen und seinem Umfeld ab: Modefirmen ändern sich schneller als eine Versicherung oder eine Bank. Für beide gilt: Nur wer sich ändert, bleibt sich treu!

Um interessant zu bleiben, könnten Sie Ihren Bezugsgruppen im Rahmen Ihres professionellen Storytelling (siehe Kap. 9.4.4) immer neue Geschichten erzählen, z.B. über Ihre Produkte, das Wissen Ihres Unternehmens, dessen Mitarbeiter und dessen Zukunft. Hierdurch lernen die Bezugsgruppen Ihr Unternehmen und seine Fassetten kennen, was ein vielgestaltiges und damit wirkungsvolles Vorstellungsbild entstehen lässt.

Ihre Bezugsgruppen können Ihr Unternehmen immer wieder anders bzw. neu erleben, was deren Bedürfnis nach Abwechslung entgegenkommt, in der Fachsprache Variety Seeking genannt. Jedoch sollten Ihre Aussagen stets Ausdruck der gleichen, starken Unternehmenspersönlichkeit bleiben.

Insgesamt sollten Sie also Grundsatzentscheidungen und Anpassungsentscheidungen treffen. Die Beachtung von Konstanten und Variablen ist zum Beispiel wichtig für das Internet, das zum einen eine klare Orientierung und Halt geben und zum anderen lebendig und flexibel sein muss.

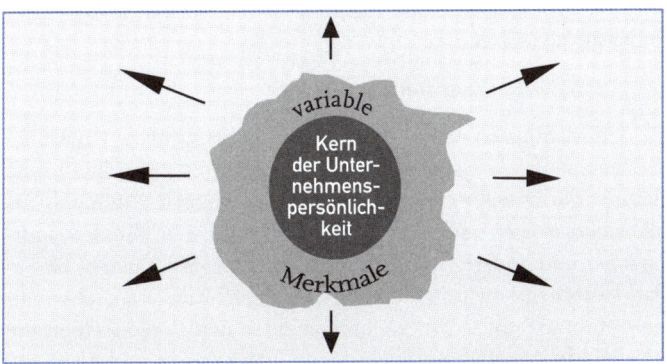

Abb. 3.2: Konstanten und Variablen der Unternehmenspersönlichkeit

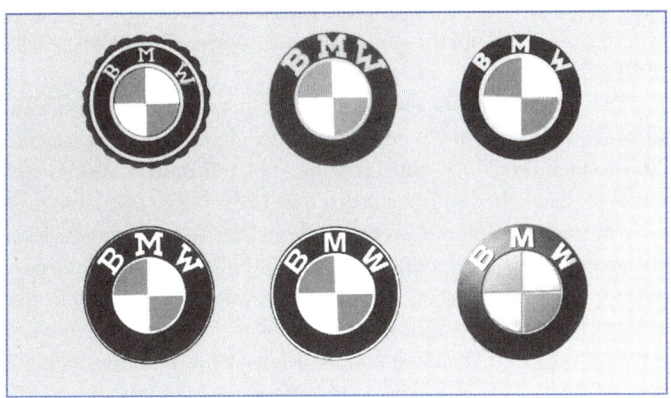

Abb. 3.3: Entwicklung des BMW-Logos

Vermitteln Sie also Ihre Unternehmenspersönlichkeit widerspruchsfrei (konsistent), damit Ihre Bezugsgruppen diese stimmig entlang der gesamten Erlebniskette erfahren und ein starkes, klares Vorstellungsbild von Ihrem Unternehmen aufbauen.

Vermeiden Sie Widersprüche oder Brüche, die das Vertrauen in Ihr Unternehmen schwächen könnten.

Dies müssen viele Unternehmen erst noch lernen, denn oft unterscheiden sich Produkte, Verpackung, Rechnung, Firmenlogo und Website. Ist jedoch das Auftreten nicht aufeinander abgestimmt, können sich Widersprüche ergeben, die das Vertrauen in die Zuverlässigkeit stören.

Unterscheidung ist essenziell

Zu den wichtigsten Anforderungen im Hinblick auf die Unternehmenspersönlichkeit gehört, deren Einzigartigkeit zu ermitteln und dann wirkungsvoll zu inszenieren. Nur so entsteht Profil, das für alle sichtbar wird und dazu führt, dass Mitarbeiter, Kunden, Journalisten und andere Bezugsgruppen entscheiden können, ob Sie das Unternehmen unterstützen. Die Forschung zeigt, dass mit dem Kontrast eines Unternehmens zu seinen Konkurrenten die Klarheit des Vorstellungsbildes vom Unternehmen und damit die Bereitschaft, sich im Sinn des Unternehmen positiv zu verhalten, steigt. Die Wirkung dieser Unterscheidbarkeit ist derart stark, dass Experten sie als „Superdimension" beschreiben, die stärker ist als andere Effekte.

Viele Unternehmenspersönlichkeiten wirken gerade deshalb so schwach, weil sie keine Unterschiede zu anderen erkennen lassen. Ein Beispiel: Das Motto eines Internetanbieters lautet: „Auktionen & mehr". Es bleibt der Fantasie des Besuchers überlassen, was dieses Unternehmen mehr bietet als andere. Dies wäre zu vergleichen mit einem Stellenbewerber, der lediglich behauptet, er sei besser als die anderen Bewerber. Der Slogan „Erfolgreiches Handeln im Internet" besitzt zu wenig Eigenständigkeit, weil es für jegliches Handeln im Internet stehen könnte. In der Unternehmensdarstellung heißt es: „Das einzigartige Handelsnetzwerk bietet Ihnen innovative technologische Lösungen und Services für den sicheren,

einfachen und erfolgreichen Handel im Internet." Auch diese Beschreibung ist zu generisch und austauschbar, weil sie für viele
Unternehmen gelten könnte; zudem sind Begriffe wie „innovativ"
durch die häufige und beliebige Verwendung inhaltsleer geworden. Fazit: Einzigartigkeit fehlt, die Unternehmenspersönlichkeit
wirkt schwach und profillos.

**Die Unternehmenspersönlichkeit ist einzigartig – man kann
sie nicht kopieren. Erkennen Sie diese und inszenieren Sie wirkungsvoll.**

Reflexion

- Beschreiben Sie Ihre Unternehmenspersönlichkeit anhand ihrer wichtigsten Eigenschaften.

- Finden Sie jene Eigenschaft heraus, die Sie einzigartig
  macht oder am stärksten von Ihren Wettbewerbern unterscheidet.

- Listen Sie Ihre Bezugsgruppen auf. Ordnen Sie jene
  Eigenschaften zu, die für diese Bezugsgruppen besonders wichtig sind.

Unternehmens-persönlichkeit und Emotionen

4

Zu den wesentlichen Aufgaben des CIM gehört, die mit dem eigenen Unternehmen verbundenen Gefühle zu vermitteln und diese in den Bezugsgruppen auszulösen. Deshalb sollte das CIM dem Thema Emotionen besondere Aufmerksamkeit widmen.

In diesem Kapitel erfahren Sie,

wie Emotionen auf einzigartige Weise mit dem eigenen Unternehmen verbunden sind und wie Sie Ihre Bezugsgruppen entsprechend emotional ansprechen.

In den vergangenen Jahren ist die emotionale Ansprache der Bezugsgruppen des Unternehmens wichtiger geworden. Einige Gründe:

- **Emotionen im Markt:** Konsumenten interessieren sich immer weniger für Informationen, da sie mit Informationen gedanklich überlastet sind und Unternehmen und Produkte für austauschbar halten. Der Aufbau und die Entwicklung einer Gefühlswelt, die mit dem Unternehmen verbunden und den Bezugsgruppen angemessen ist, stellt sich zunehmend als einziges Unterscheidungskriterium und damit entscheidender Wettbewerbsfaktor heraus, wie das Beispiel der Automobilindustrie zeigt.

- **Emotionen im Unternehmen:** Gefühle setzen Energie frei, die den Mitarbeiter zufrieden stellen und die das Unternehmen nutzen kann, um seine Leistung zu steigern. In den vergangenen Jahren hat für die meisten Mitarbeiter die Arbeitslast enorm zugenommen, nicht jedoch der Spaß und die Befriedigung durch die Arbeit. Hier kann die Ansprache der Gefühlswelt der Mitarbeiter dazu beitragen, die Zufriedenheit mit der Arbeit und die Identifikation mit dem Unternehmen zu steigern.

- **Emotionen in der Gesellschaft:** Die Bedeutung sachlich-rationaler Werte hat sich in den vergangenen Jahren deutlich verschoben hin zu emotionalen Werten. Disziplin und Entsagung treten zurück zugunsten von Spaß und Erlebnis, zum Beispiel in Form von Sport, Reisen und Wellness.

Selbst in der Investitionsgüterindustrie, in der bisher fast immer Informationen entscheidend waren, wird die Beachtung der Gefühlswelt der Beteiligten immer wichtiger. Die Praxis des CIM hat diese eindeutigen Trends bisher zu wenig aufgenommen und berücksichtigt.

4.2	Emotionen und Stimmungen

Wenn im CIM überhaupt von der Gefühlswelt der Bezugsgruppen gesprochen wird, dann als Aufgabe, deren Sympathie für das Unternehmen zu erhöhen. Hierbei sollten Sie beachten:

- Sympathie ist eine Stimmung. Stimmungen sind ungerichtete Empfindungen. Sie sind schwächer als Emotionen.
- Emotionen sind eindeutig ausgerichtet, wie zum Beispiel Stolz, Ängstlichkeit, Freude, Ärger, Glück, Frische, Behaglichkeit.

Anders ausgedrückt: Stimmungen sind diffus und schwach. Aus Sicht des professionellen CIM können für die Gestaltung der Sympathie jene Instrumente dienen, die eine Atmosphäre erzeugen, die positiv auf die Bewertung des Unternehmens durch die Bezugsgruppen wirkt. In diesem Fall vermitteln sie keine spezifischen Emotionen. Ergebnis könnte sein, das Unternehmen „nett" zu finden. Aber:

Sympathie ist kaum geeignet, sich eindeutig und dauerhaft gegenüber anderen Unternehmen abzugrenzen!

Stattdessen bestimmen Sie sorgfältig jene einzigartigen Gefühle, die die Bezugsgruppen mit Ihrem Unternehmen verbinden sollen: Als Dienstleister könnten Sie Geborgenheit vermitteln, als Anbieter von Kreditkarten Freiheit. Ihr Unternehmen könnte als gemütlich, behaglich, entspannend, erholsam oder heimisch beschrieben werden. Diese Gefühle sollten Sie in allen Instrumenten Ihres CIM angemessen umsetzen.

Vermitteln Sie Ihren Bezugsgruppen starke und einzigartige Gefühle, die mit Ihrem Unternehmen verbunden sind!

Gebündelte Gefühle

Mehrere Gefühle bündeln sich zu Erlebnissen. Sollte also Ihr Unternehmen mit mehreren Emotionen verbunden sein, ist es sinnvoll, diesen Emotionen-Mix festzulegen und abzugrenzen. Bestimmen Sie, welche Gefühle relevant sind und gewichten Sie diese Gefühle. Dies hat folgende Vorteile:

- **Klarheit:** Sie werden sich über die relevanten Emotionen klar.
- **Umsetzung:** Sie können je nach Maßnahme entscheiden, welche Emotionen sie ansprechen und in welcher Intensität, zum Beispiel auf einem Event.
- **Dramaturgie:** Dies erleichtert Ihnen die Dramaturgie und die Langfristplanung, indem Sie Abwechslung schaffen und so das Interesse Ihrer Bezugsgruppen an Ihrem Unternehmen halten können.

Die herausragende Wirkung von Emotionen gründet in der multimodalen Ansprache aller Sinne: Sehen, Hören, Riechen, Fühlen und Schmecken. Forscher haben herausgefunden, dass die widerspruchsfreie Ansprache aller fünf Sinne die zehnfache Wirkung erbringt und dies „multisensory enhancement" genannt.

Modell 4.3

Gibt es Modelle, mit denen sich unsere vielfältigen Handlungsmotive und Gefühle beschreiben lassen? Von Norbert Bischof (1989) stammt das Zürcher Modell der sozialen Motivation.

Der Psychologe nennt drei Grundmotive, die Menschen auf aller Welt durchs Leben leiten: Sicherheit, Erregung und Autonomie:

- **Sicherheit:** Der Mensch trägt das Bedürfnis nach Beständigkeit, Stabilität, Sicherheit und Ausgleich in sich. Er sehnt sich nach Bindung und Fürsorge, Heimat und Tradition. Dieses Motiv ist angesprochen, wenn es um den Wunsch der Mitarbeiter nach einem sicheren Arbeitsplatz geht oder um den Wunsch nach einem guten Betriebsklima und gelungener Zusammenarbeit der Mitarbeiter.
- **Erregung:** Der Mensch sucht neue Reize, er will einzigartig sein, aus dem Gewohnten ausbrechen und aktiv sein. Aus diesem Motiv heraus suchen Mitarbeiter neue Aufgaben und sie wollen Dinge anders tun als bisher.

- **Autonomie:** Der Mensch will nach oben streben, Leistung zeigen, Erfolg und Überlegenheit genießen, sich gegen andere durchsetzen, sein Territorium erweitern. Die Unternehmensführung kann dieses Motiv ansprechen durch die Erwartung an höhere Leistung, durch eine neue Maschine oder Karrieremöglichkeiten durch den Zukauf eines anderen Unternehmens.

Die individuelle Stärke der drei Grundmotive entscheidet letztlich auch über den Beruf, den wir ergreifen, also ob wir Forscher (Erregung), Controller (Autonomie) oder Krankenpfleger (Sicherheit) werden. Die Stärke der Motive unterscheidet sich zudem in den Geschlechtern und im Lebensverlauf.

Die Motive bestimmen auch, wie wir denken: Sind wir eher ängstlich, suchen wir Sicherheit, wir sehen genauer hin, beachten Details. Unser Streben nach Autonomie und Überlegenheit führt dazu, dass wir stärker Regeln anwenden, regeln wollen, aber auch, dass wir Informationen für uns behalten, weil uns dies stärker und mächtiger macht. Unsere Erregung erweitert unseren Handlungsspielraum, indem wir ungewöhnlich und kreativ denken und neue Wege in der Kommunikation gehen wollen.

Jedes Motivsystem hat eine Seite, die wir suchen und eine, die wir meiden. Wir meiden Angst und Unsicherheit und suchen stattdessen Sicherheit und Geborgenheit. Wir meiden Niederlagen, Ärger, Wut und Unzufriedenheit und suchen stattdessen Überlegenheit, Siegesgefühl, Lob. Statt Langeweile suchen wir Genuss, Prickeln, Spaß, Spannung und Abwechslung.

Vor diesem Hintergrund wandelt sich die bisher verbreitete Einschätzung von Menschen: Menschen, die wir bisher als rational bezeichnet haben, sind hoch emotional: Für sie ist wichtig, dass sie die Kontrolle behalten und diszipliniert sind. Hierfür wenden sie die meiste Kraft auf, hierfür haben sie ihr ganzes Leben lang gearbeitet. Controller schreiben uns eine Rechnung über 50 Cent – nicht, weil dies sinnvoll ist, sondern damit ihre Abrechnung präzise und lückenlos ist. Sie ist perfekt, alles ist im Griff. Für diese Perfektion arbeiten die Controller nächtelang, sie wälzen Zahlen hin und her, sie sind verzweifelt und fangen immer wieder von vorn an, wenn es hinten beim Ergebnis nicht stimmt.

Ingenieure planen, eine Brücke von den beiden Seiten eines Flusses aus zu bauen und sie empfinden höchstes Glück, wenn sich später beide Brückenteile in der Mitte ohne auch nur einen Zentimeter Abstand treffen. Damit ihnen dies gelingt, studieren sie jahrelang, arbeiten und berechnen monatelang. Sie sehen: Selbst als rational geltende Menschen sind hoch emotional. Ein Beispiel aus der internen Kommunikation: Der eine kontrolliert die Informationen, der andere freut sich, sie zu teilen und ein dritter findet immer neue Wege, sich mit seinen Kollegen auszutauschen.

Das Motivsystem zeigt, dass Mitarbeitende unterschiedlich bewerten: Das Urteil über einen Menschen hat deshalb oft mit dem Mensch selbst nichts zu tun, sondern mit der Bewertung unserer Beziehung zu ihm. Misslingt Kommunikation, liegt dies oft daran, dass die Beteiligten von unterschiedlich starken Instruktionen ihrer Motivsysteme getrieben sind. Wir können andere Menschen anhand ihrer Motive erkennen, von anderen unterscheiden und gut finden: „Diese Führungskraft ist besonders unkonventionell und deshalb gefällt sie mir so gut". Motive, aus denen sich die Werte eines Menschen ergeben, ermöglichen es uns, uns mit dem Menschen zu identifizieren, weil er die gleichen Werte vertritt, die auch uns wichtig sind und die wir haben oder gern hätten. Die Werte von Menschen sind eine wichtige Grundlage für unser Vertrauen zueinander, denn durch unsere Werte werden wir berechenbar („Dies würde der nie tun, das passt nicht zu ihm"). Und: Wir können durch Motive auch auf das künftige Verhalten eines Menschen schließen.

Die drei Grundmotive bestimmen auch in Ihrem Unternehmen, was wichtig ist und das Denken und Handeln der Mitarbeitenden lenkt. Was herrscht vor: Beständigkeit oder Wandel? Egoismus oder Gemeinschaft? Nähe oder Distanz? Gleichberechtigte oder einseitige Beziehungen? Innovation oder Kostenorientierung? Vergangenheit oder Zukunft?

Dies wirkt sich darauf aus, wie die Menschen in Ihrem Unternehmen miteinander reden, ob sie gegenseitig auf ihre Wünsche und Erwartungen eingehen, ob sie sich rechtzeitig und umfassend informieren, wie sie mit Konflikten und Kritik umgehen.

Aufgrund der Bedeutung der drei Motivsysteme hier noch einige Erläuterungen:

Sicherheit, Geborgenheit, Fürsorge

Jeder Mensch trägt das Bedürfnis nach Beständigkeit, Stabilität, Sicherheit und Ausgleich in sich – allerdings unterschiedlich ausgeprägt. Wir sehnen uns nach Heimat und Tradition, nach Bindung und Fürsorge. Dieser Teil in uns will, dass alles so bleibt, wie es ist. Menschen macht diese Beständigkeit berechenbar und zuverlässig.

Würde ein Mensch nur ständig nach Neuem streben, wäre dies zum einen riskant; zum anderen wüsste niemand mehr, wofür der Mensch steht, weil er sich ständig ändert.

Sicherheit, Bindung, Fürsorge und Nähe sind wichtig, um Gemeinschaften zu bilden und sich gegenseitig zu unterstützen. Mitarbeiter pflegen ein freundliches Miteinander, die Hierarchie ist flach und es gibt wenig Abstand zwischen der Geschäftsleitung und den Mitarbeitern. Man duzt sich und arbeitet ähnlich wie in einer Familie zusammen.

Das Gegenteil wäre Autonomie und Distanz: Hier ist der Abstand zwischen Geschäftsleitung und Mitarbeitern eher groß, es gibt viele Managementebenen, der Umgangsstil ist eher förmlich, man siezt sich und ist eher auf Distanz.

- **Werte, die mit Nähe verbunden sind:** Freundschaft, Familie, Fürsorge, Bindung, Herzlichkeit, Geselligkeit, Heimat, Nostalgie, Treue, Sicherheit, Gesundheit, Verlässlichkeit.
- **Unternehmen, die das Bedürfnis nach Nähe aufgreifen:** Disney, VW, Weleda, dm-Drogeriemarkt, Versicherungen, Finanzprodukte, Pharmaunternehmen, Hersteller von Traditionsmarken.
- **Typische Aussagen:** „Wir sind nah am Kunden", „Ich arbeite gern im Team". „Ich duze mich mit meinen Mitarbeitern.", „Mein Team ist eine kleine Familie.", „Austausch ist wichtig.", „Gemeinsam sind wir stärker.", „Ich bin für meine Mitarbeiter da.", „Mich gibt es schon lang auf dem Markt.", „Ich habe lange Berufserfahrung.", „Ich habe eine grundsolide Ausbildung.", „Ich habe schon für viele Firmen erfolgreich gearbeitet.", „Mit mir gehen Sie auf Nummer sicher.",

„Ich sorge für Stabilität.", „Ich vergeude keine Energie.",
„Ich werde Ihren Erfolg sichern.", „Viele erfolgreiche Projek-
te sprechen für meine Beständigkeit". „Bei mir brauchen
Sie sich um nichts mehr zu kümmern."

Erregung

Der Mensch muss sich entwickeln, sonst bleibt er stehen. Wandel,
Entwicklung, Entdeckung – jeder Mensch trägt diese Merkmale in
sich, jedoch unterschiedlich ausgeprägt. Führungskräfte, mit denen wir Wandel und Entdeckung verbinden, sind zum Beispiel
Rolf Fehlbaum von Vitra Möbel und Steve Jobs von Apple.

- **Werte, die mit Wandel, Erregung und Stimulanz verbunden
  sind:** Neugierde, Spaß, Kreativität, Individualismus, Ab-
  wechslung, Leichtigkeit, Fantasie, Genuss, Offenheit, Sinn-
  lichkeit, Genuss, Humor.
- **Unternehmen, die das Bedürfnis nach Wandel aufgreifen:**
  „Entdecke die Möglichkeiten" (IKEA), „Nichts ist unmög-
  lich" (Toyota).
- **Typische Aussagen:** „Ich biete Ihnen immer neue Reize.",
  „Ich zeige Ihnen Dinge, die Sie so noch nie gesehen haben.", „Ich führe Projekte gern auf eine neue Weise durch.",
  „Ich breche aus dem Gewohnten aus.", „Ich suche nach
  Abwechslung.", „Ich vermeide Langeweile.", „Ich sorge
  dafür, dass wir anders sind als andere.", „Ich entdecke und
  erforsche die Umwelt des Unternehmens."

Autonomie

Personen, die Autonomie, Distanz und Dominanz verkörpern, zei-
gen ihre herausragende Leistung, ihre hohe Position, Status und
Macht. Diese Menschen wollen sich durchsetzen, nach oben stre-
ben, ihr Territorium erweitern. Sie verwenden Marken mit hohem
Preis wie Schmuck von Cartier, Uhren von Rolex und Zigarren von
Davidoff, sie fahren Edelkarossen und identifizieren sich mit der
distanziert-vornehmen englischen Lebensart. Sie versuchen, ihre
Leistung durch Fitness zu erhalten.

- **Werte, die mit Distanz und Dominanz verbunden sind:**
  Sieg, Kampf, Elite, Macht, Leistung, Durchsetzung, Stolz,
  Ehre, Status, Ruhm, Freiheit, Ehrgeiz, Effizienz.

- Unternehmen, die das Bedürfnis nach Distanz aufgreifen: Hersteller von Edelautos, Designerkleidung, Produkte, die die Leistung erhöhen.
- Typische Aussagen: „Ich verschaffe Ihnen uneinholbaren Vorsprung.", „Ich will besser sein als die anderen.", „Ich arbeite sehr hart.", „Macht ist mir wichtig.", „Ich achte auf Statusobjekte.", „Ich zeige gern, was ich habe.", „Ich bin Experte auf meinem Gebiet.", „Menschen gegenüber bewahre ich Abstand.", „Ich kämpfe gern.", „Ich genieße den Sieg über andere.", „Ich strebe nach oben.", „Ich möchte mein Territorium erweitern.", „Ich kann Ihnen ein Exklusivrecht einräumen."

Die Dominanz einer Führungskraft ist für ein Unternehmen überlebenswichtig, denn sie sichert die erforderliche Durchsetzungskraft am Markt – untergeht, wer nicht kämpft und sich nicht durchsetzt. Dominanz erwarten die Mitarbeitenden von einer Führungskraft, wenn es darum geht, selbst Höchstleistung zu zeigen, sie zur Leistung zu motivieren und sich für die eigenen Interessen und die der Mitarbeiter einzusetzen.

Führungskräften, die diese Distanz und Dominanz nicht besitzen, fehlt eine wichtige Führungsgrundlage. Indem diese Dimension stark in der Persönlichkeit verankert ist, wird deutlich, dass sich Durchsetzung – wenn überhaupt – nur schwer erlernen lässt. Auf der anderen Seite ist durch die starke Dominanz häufig das Eingehen auf die Mitarbeitenden und die Kommunikation mit ihnen nicht besonders ausgeprägt (um es vorsichtig auszudrücken). Sie verstehen nicht einmal, warum es wichtig ist, miteinander zu reden, denn sie denken vor allem in Kategorien von Macht und Unterwerfung.

Bedeutung der Motive für das CIM

Unterschiedliche Motive von Managern und Mitarbeitenden werden zu Herausforderungen für die interne Kommunikation: Ein Unternehmen will seine Position auf den internationalen Märkten durch den schnellen und tief greifenden Wandel ausbauen und sich schnell ausdehnen (Autonomie); jedoch suchen die Mitarbeiter im Heimatland Sicherheit. Veränderungen lösen Unsicherheit und Angst aus – zumindest drastische und schnelle. Die meisten Mitarbeiter sind deshalb nur dann für den Wandel zum internationalen Unternehmen zu gewinnen, wenn sie erst einmal erfahren, was ihnen bleibt, was ihnen auch weiterhin Halt und Orientierung gibt. Erst wenn die Mitarbeiter abschätzen können, auf was sie künftig bauen können, sind sie bereit, sich mit Veränderungen und den Folgen für sie selbst zu beschäftigen.

Für das CIM haben diese Erkenntnisse die Konsequenz, dass Unternehmen über die reine Vermittlung von Daten und Fakten hinaus wesentlich stärker darauf achten sollten, wie die Bezugsgruppen diese Informationen emotional bewerten.

Abschied von der Bedürfnispyramide

Die noch in vielen Unternehmen verwendete Bedürfnispyramide von Maslow geht davon aus, dass die Bedürfnisse des Menschen durch Stufen gekennzeichnet sind. Jede Stufe muss erreicht sein, damit wir die nächste Stufe erklimmen können. Dieses Modell lässt sowohl die tatsächliche Dynamik außer Acht, als auch situative Dynamiken, also, dass ein Mitarbeiter in einer speziellen Situation (Wandel, Rationalisierung) anders handelt, als es seiner Persönlichkeit entsprechen würde.

Sinnliches Erleben des Unternehmens 4.4

Die zunehmende Bedeutung der Gefühlswelt der Bezugsgruppen sollte dazu führen, dass Ihr CIM alle Sinne anspricht, um die Unternehmenspersönlichkeit zu vermitteln. Dies ist nicht nur wirksamer als die Ansprache durch einen oder zwei Sinne allein; überdies ermöglicht Ihnen die multisensorische Vermittlung Ihrer Unternehmenspersönlichkeit, sich von anderen Unternehmen zu unterscheiden.

Multisensuale Reize werden im Hirn als innere Gedächtnisbilder repräsentiert, so genannte Imageries. Als Imageries können nicht nur visuelle Reize, sondern auch andere Reize angesehen werden, zum Beispiel Akustikreize und Geruchsreize. So haben Forscher versucht, das akustische Image von Ländern zu ermitteln,

indem sie die Testpersonen aufgefordert haben, Ländern Musik-
stücke zuzuordnen. Vielen ist das Akustiklogo der Telekom und
von Becks Bier („Sail away") gut im Gedächtnis sowie das typische
grüne Segelschiff der Marke Becks.

Folgende Abbildung gibt einen Überblick über die Zeichenmo-
dalitäten und zeigt, wie diese über die Sinnesorgane aufgenommen werden können:

	Sehen	Riechen	Schmecken	Hören	Tasten	Gleichgewicht
Material/Substanz (Konsistenz, hart – weich etc.)	●	●	●	●	●	
Form	●				●	
Farbe/Licht	●				●	
Räumlichkeit (oben – unten etc.)	●			●	●	●
Bewegung (Richtung, Vibration etc.)	●			●	●	
Temperatur	●	●	●		●	
Duft		●	●		●	
Klang				●	●	

Abb. 4.1: Zeichen und die Aufnahme über die Sinne

Die Gestaltpsychologie weist darauf hin, dass Unternehmen ganzheitlich wahrgenommen werden und sich hierdurch Synergien
ergeben, nach Aristoteles: „Das Ganze ist mehr als die Summe seiner Teile". Die Wirkungen der Äußerungsformen von Unternehmen wie Name, Farbe, Gebäude sollten Sie in ihrem jeweiligen
Zusammenhang und im Zusammenspiel betrachten, damit sich
keine unerwarteten und nicht vorhersehbaren Wechselwirkungen
und Widersprüche ergeben.

Bilderwelten

Starke und einzigartige Bilderwelten werden in den kommenden Jahren wesentlich den Erfolg des CIM bestimmen. Gründe hierfür sind die zunehmende Informationsüberlastung der Menschen sowie deren generell nachlassendes Interesse an Informationen (siehe Kap. 1). Attraktive Bilderwelten werden in den visuell ausgerichteten Bereichen Mode und Automobile geradezu erwartet.

In der Werbung gibt es schon viele erfolgreiche Beispiele für strategische Bilderwelten, wie zum Beispiel Milka und Marlboro. Zu Bacardi gehören brasilianische Musik, Sand, Palmen, Kokosnüsse und braun gebrannte, dunkelhaarige Brasilianerinnen, die das Markenerlebnis in brasilianische Exotik und Erotik umsetzen.

Aber welche starken und einzigartigen inneren Bilder entstehen in Ihnen spontan, wenn Sie an Microsoft, eBay und die Allianz denken?

Im CIM gibt es nur wenige Beispiele für die prägnante Gestaltung von Bilderwelten, wie im Fall von O2. Ein schlechtes Beispiel gibt die Autoindustrie ab, die bislang lediglich die Fahrzeugmodelle in aufwändigen Werbefilmen zeigt, die schnell wechseln.

Eigenschaften

Bilder verarbeiten wir völlig anders als Texte. Bilder nehmen wir weitgehend automatisch mit geringen gedanklichen Anstrengungen auf und verarbeitet sie. Aufgrund ihrer mühelosen Aufnahme eignen sich deswegen Bilder in besonderem Maße dazu, wenig involvierte, passive Empfänger zu erreichen und zu einer Informationsaufnahme zu bewegen.

Im Gegensatz dazu verarbeiten wir Sprache und Texte sequenziell, also in einer linearen bestimmten Reihenfolge. Wir verarbeiten sie nach logisch-analytischen Regeln und geben ihnen Sinn.

Dieser Unterschied hat gravierende Konsequenzen:

- **Wahrnehmung:** Bilder werden schneller und ganzheitlicher wahrgenommen als Texte. Der Marketingexperte Werner Kroeber-Riel drückt dies so aus: „Bilder sind schnelle Schüsse ins Gehirn!"

- **Aktivierung:** Bilder aktivieren stärker als Texte und werden daher schneller aufgenommen und verarbeitet.

- **Reihenfolge:** Durch die höhere Aktivierung werden Bilder vor Texten betrachtet (Bilddominanz). Der Betrachter empfindet ein Bild meist interessanter als einen Text und bevorzugt es deshalb bei der Informationsaufnahme. Zum Beispiel verteilt sich die Betrachtungszeit einer Anzeige wie folgt: 76 Prozent Bild, 16 Prozent Überschrift, acht Prozent Text.

- Bilder werden sowohl von stark involvierten als auch von wenig involvierten Menschen bevorzugt!

- **Aufnahme:** Die Inhalte eines Bildes werden gleichzeitig bzw. ganzheitlich erfasst, während Texte schrittweise (linear) aufgenommen werden.

- **Verarbeitung:** Bilder werden schneller, automatisch und mit geringer gedanklicher Beteiligung aufgenommen und verarbeitet: Um ein Bild mittlerer Komplexität so aufzunehmen, dass es später erinnert wird, sind 1,5 bis zwei Sekunden erforderlich. In derselben Zeit kann lediglich ein Satz mit einer Länge von sieben bis zehn Wörtern aufgenommen werden. Durch die geringe oder fehlende gedankliche Verarbeitung ist zu erklären, warum wir Produkte kaufen, deren Werbung wir unter Einschaltung unseres Verstands eigentlich scheußlich finden. Das bedeutet auch, dass Bilder, die dem Empfänger gefallen, automatisch und unkontrollierbar emotionale Haltungen hervorrufen können.

- **Gedächtnis:** Bilder werden besser erinnert als Texte, denn die höhere Aktivierung des Gehirns stimuliert das langfristige Erinnern. Untersuchungen haben gezeigt, dass Konsumenten sogar die Hutkrempe des Cowboys aus der Marlboro-Werbung beschreiben können.

- **Erlebnis:** Bilder eignen sich besser als Texte zur Vermittlung emotionaler Erlebnisse.

■ **Verhalten:** Durch die erhöhte Aktivierung können Bilder nachhaltig auf das Verhalten wirken.

Zu den Grenzen von Bildern gehört, dass abstrakte Wörter wie z. B. „Moral" nur sprachlich verarbeitet werden können.

Techniken und Motive

Die Bilderwelt kann im Zusammenhang mit der Bezugsgruppe stehen, mit dem Gebrauch der Leistungen, dem Unternehmen selbst und den durch das Unternehmen ausgelösten Assoziationen. Die Bilderwelt kann kombiniert sein mit einem Motto, wie im Fall der Württembergischen Lebensversicherung („Fels in der Brandung") als Ausdruck der soliden, zuverlässigen und vertrauenswürdigen Leistung.

Die Wirkung Ihrer Bilderwelten wird erhöht, wenn die Bilder gegenständlich sind, wie das Beispiel Schwäbisch Hall zeigt („Auf diese Steine können Sie bauen"). Abstrakte Zeichen können wir nur schwer lernen und behalten.

Abb. 4.2 „Auf diese Steine können Sie bauen" – Slogan von Schwäbisch Hall

Hier einige konkrete Umsetzungen in Motive:

■ **Menschen:** Menschen sind in besonderer Weise für den Aufbau von Bilderwelten geeignet, denn sie transportieren in einzigartiger, komprimierter Weise die Unternehmenspersönlichkeit: Jene Werte, für die der Mensch steht, werden auf das Unternehmen übertragen – und umgekehrt. Beispiele sind Arthur „Addi" Darboven und Onkel Dittmeyer.

Ein Unternehmen sollte ein Gesicht wie ein Mensch besitzen. Nur von dem kann man sich ein Bild machen, der ein Gesicht besitzt. Bilder oder Unternehmensgesichter sind daher wichtiger denn je.

Zum Beispiel gilt Richard Branson, Gründer von Virgin, als unkonventionell und als David, der gegen Goliath kämpft, wie im Fall der britischen Luftfahrtgesellschaft British Airways. Diese Eigenschaften überträgt er auf seine Unternehmen, von denen er mittlerweile über 200 besitzt. Der Erfolg des Unternehmens ist nicht zuletzt auch den vielen Medienauftritten von Branson zu verdanken, z. B. im Rahmen seines Prozesses gegen British Airways und bei seinem spektakulären Versuch der Atlantiküberquerung mit einem Heißluftballon. Mit den Werten der Person kann sich die Bezugsgruppe identifizieren, weil sie deren eigenen Werten entspricht oder entsprechen sollte. Jedoch wirken sich Veränderungen bei den Menschen z. B. durch Skandale, Krankheit und Tod auch auf das Unternehmen aus.

■ **Andere Lebewesen:** Tiere und andere Lebewesen eignen sich ebenfalls, um die Unternehmenspersönlichkeit zu vermitteln und dafür zu sorgen, dass ein starkes, einzigartiges inneres Bild vom Unternehmen entsteht. Beispiele sind Esso ("Der Tiger im Tank") und der schwarze Hengst von Ferrari. Den Indianern dienten zum Beispiel Dachs, Adler und Berglöwe als Symbole ihrer Persönlichkeit. Der Dachs ist fleißig, der Adler steht für einen freien Geist, der Berglöwe symbolisiert Findigkeit und Führungstalent. Solche Grundmotive können Ihnen als Schlüsselbilder dienen, die den Kern Ihrer Unternehmensbotschaft darstellen. Wichtig ist, solche Symbole in eine komplexe Bilderwelt zu integrieren, die alle Sinne anspricht.

■ **Symbole:** Symbole sind Zeichen, die eine Bedeutung transportieren. Ein Beispiel für den Einsatz von Symbolen beim Aufbau von Bilderwelten ist die Württembergische Lebensversicherung ("Ihr Fels in der Brandung").

Abb. 4.3: „Ihr Fels in der Brandung" –
Slogan der Württembergischen Versicherung

Chancen und Grenzen

Starke und einzigartige Bilderwelten bieten Ihnen viele Vorteile:

- Sie können besonders gut erinnert werden, weil die Bilder und deren Bedeutung bereits gelernt sind und vom Unternehmen nur neu entsprechend seiner Unternehmenspersönlichkeit ausgelegt werden müssen.
- Komplexe Bilderwelten können spannende Geschichten erzählen, die die Bezugsgruppen immer neu faszinieren. Das Unternehmen kann so das Bedürfnis seiner Bezugsgruppen nach Abwechslung befriedigen, auch wenn diese mit dem Unternehmen grundsätzlich zufrieden sind.
- Die Bezugsgruppen können erkennen, dass die Lebenswelt des Unternehmens ihrer eigenen entspricht oder jener, die sie anstreben (Identifikation).
- Bilderwelten können multimedial umgesetzt werden, also in Printmedien, elektronischen Medien und in persönlicher Kommunikation.
- Bilderwelten können sämtliche Sinne ansprechen, also Sehen, Hören, Riechen, Schmecken und Tasten. Dieses multimodale Vermitteln verankert Ihre Botschaft nachhaltig.

Reduzieren Sie also die visuelle Gestaltung Ihrer Unternehmenspersönlichkeit nicht auf eine Farbe und ein Logo – nutzen Sie stattdessen die vielfältigen Möglichkeiten von Bilderwelten.

Der Einsatz von Bilderwelten hat Grenzen:

- Zu den Gefahren gehört, dass die Bilderwelt nicht die Unternehmenspersönlichkeit transportiert, sondern lediglich als Blickfang dient, der von der eigentlichen Kommunikationsbotschaft ablenkt – die Bezugsgruppe erinnert sich an das Motiv, aber nicht an das Unternehmen.

Stellen Sie immer den Zusammenhang zwischen Motiv und Ihrem Unternehmen sicher.

- Die Bilderwelt allein garantiert nicht, dass sich das Unternehmen in den Köpfen der Bezugsgruppen einprägt. Ein

Text muss anfangs mitunter erklären, warum das Bild die Unternehmenspersönlichkeit transportiert. Haben die Bezugsgruppen dies gelernt, reicht das Bild allein aus.

- Da Bilder die individuellen Gefühle der Menschen ansprechen, muss geklärt sein, dass die Bilderwelt bei der Bezugsgruppe nur positive Verbindungen mit dem Unternehmen auslöst.

- Bilder haben keine eindeutige Bedeutung. Die Bedeutung von Wörtern kann im Wörterbuch nachgeschlagen werden. Für Bilder gibt es kein Wörterbuch, wie der italienische Filmemacher Pier Paolo Pasolini einmal sagte.

- Häufig sind Bilderwelten austauschbar, wie das Beispiel der Autowerbung zeigt. Schaffen Sie stattdessen eine Bilderwelt, die Ihre Bezugsgruppen spontan und einzig mit Ihrem Unternehmen verbindet.

- Die Bilderwelt muss von Ihren Bezugsgruppen gelernt werden. Sie sollten daher die Motive häufig wiederholen, bis feste Gedächtnisstrukturen entstanden sind. Ihre Bezugsgruppen sollten bei jedem Betrachten den gleichen visuellen Eindruck erhalten, damit sich die Gedächtnisspur festigt, die frühere Kontakte geschaffen haben.

Reflexion

- Formulieren Sie, welche Gefühle im Zusammenhang mit Ihrer Unternehmenspersönlichkeit wichtig sind.

- Notieren Sie, welche Gefühle für Ihre internen und externen Bezugsgruppen wichtig sind.

- Welche Gefühle sollten Sie künftig noch stärker vermitteln?

Beziehungen des Unternehmens

Wichtiger Teil des Selbstverständnisses eines Unternehmens ist die Klärung und Gestaltung der Beziehungen zu seinen internen und externen Bezugsgruppen.

5

In diesem Kapitel erfahren Sie,

wie Sie die Bedeutung der Beziehung zu Ihren Bezugsgruppen für Ihr Unternehmen klären und beschreiben und dann systematisch gestalten können.

5.1 | Bedeutung

Beziehungen stehen im Mittelpunkt des Corporate Identity Managements:

- **Menschen gewinnen:** Durch Ihr CIM möchten Sie Menschen gewinnen, das Erreichen Ihrer Unternehmensziele zu unterstützen. Hierfür gehen Sie (Kommunikations-) Beziehungen zu diesen Menschen ein, die ich deshalb auch Bezugsgruppen nenne – im Unterschied zum Begriff der Zielgruppe, die Menschen als Ziel versteht, dass es mit Mitteln und Maßnahmen zu treffen gilt.
- **Gestalten des gemeinsamen Selbstverständnisses:** Beziehungen sind innerhalb des Unternehmens wichtig, um zu einem gemeinsamen Selbstverständnis über die Unternehmenspersönlichkeit und deren Entwicklung zu gelangen.
- **Mit dem Austausch steigt die Annäherung:** Beziehungen sind zu Menschen außerhalb des Unternehmens wichtig, da mit zunehmendem Austausch die Annäherung an Kunden, Journalisten, Geldgeber steigt. Der Grund ist, dass intensiver Austausch gegenseitiges Kennenlernen und Verständnis fördert. Je intensiver sich ein Unternehmen mit seinen Bezugsgruppen austauscht, desto stärker wächst das dem Unternehmen entgegengebrachte Vertrauen. Dies lässt sich damit erklären, dass sich Selbstbild und Fremdbild annähern und im Idealfall übereinstimmen.
- **Beziehungen sind attraktiv:** Beziehungen können die Attraktivität Ihres Unternehmens erhöhen, indem Sie über Ihre Produkte und Leistungen hinaus befriedigende Beziehungen anbieten.
- **Unterscheidung:** Beziehung ermöglichen, dass Sie sich von den Beziehungsangeboten anderer Unternehmen unterscheiden.

Für Dienstleister ist die Gestaltung der Beziehungen zu seinen Kunden ohnehin essenziell für den Unternehmenserfolg.

Ein Modell, das Bindungsmuster erklären kann, ist die Transaktionsanalyse, kurz TA, des kanadischen Psychiaters Eric Berne. Sie ist im CIM weithin unbekannt und wird in der Praxis noch wenig eingesetzt. Die Transaktionsanalyse kann die Frage beantworten, aus welcher Haltung heraus sich Ihr Unternehmen und dessen Bezugsgruppen zueinander verhalten.

Zur Beschreibung von Beziehungen unterteilt die Transaktionsanalyse die Persönlichkeit in drei Ich-Zustände: das Eltern-Ich, das Kind-Ich und das Erwachsenen-Ich:

- Das Eltern-Ich umfasst alle Haltungen, Handlungen, Gedanken und Gefühle, die wir von unseren Eltern und anderen Autoritäten erlernt haben, zum Beispiel von Kindergärtnern und Lehrern. Ge- und Verbote haben wir im Eltern-Ich genauso abgelegt wie Fürsorge und Trost, daher unterscheidet die TA das kritische Eltern-Ich und das fürsorgliche Eltern-Ich. Das Eltern-Ich von Unternehmen wird durch die Gründer bestimmt, deren Unternehmensziele und Mission.

- Das Kind-Ich enthält alle unsere Erfahrungen, Gefühle, Empfindungen und Bedürfnisse aus der Kinderzeit, ebenso unsere »kindlichen« Bedürfnisse, die wir noch als Erwachsene haben, zum Beispiel jene nach einem großen, schnellen und schicken Auto oder einem Computer mit viel Schnickschnack.

- Das Erwachsenen-Ich ist der Moderator, der mit unserem Sachverstand und unserer Lebenserfahrung der gereiften Persönlichkeit zwischen unserem Eltern-Ich und unserem Kind-Ich vermittelt. Unser Erwachsenen-Ich handelt im »Hier und Jetzt«, seine Handlungen und Entscheidungen ziehen frühere Erfahrungen heran.

Die Transaktionsanalyse fügt eine Perspektive zur Betrachtung von Persönlichkeit hinzu, die auch für die Analyse Ihrer Beziehungen im Rahmen des CIM wichtig sind:

- Das Eltern-Ich von Unternehmen und den Menschen darin umfasst zum einen die Ge- und Verbote des Miteinanders, zum anderen die Art und Weise, wie eine Führungskraft ihre Mitarbeiter fördert, damit diese sich weiterentwickeln können. Sie sorgt sich um ihre Mitarbeiter.

- Das Kind-Ich besteht aus deren kindlichen Anteilen, die leben, spielen, lernen spontan sein wollen – Anteile, die für Intuition, Kreativität und Innovation stehen. Dem Kind-Ich entspricht auch die Suche nach der eigenen Identität: Kind-Ich gesteuerte Menschen, zum Beispiel Führungskräfte, suchen ständig neue Identitäten, „kreative Ansätze", sie sind nicht stabil, sondern stark an ihren Bezugsgruppen, an ihrem sozialen Umfeld ausgerichtet. Solche Führungskräfte und Unternehmen führen nicht aus sich heraus, aus dem eigenen Auftrag, den eigenen Grundsätzen heraus, sondern einzig mit Blick auf andere, zum Beispiel deren Kunden – Marktforschung spielt hierbei die essenzielle Rolle. Sie wollen alles für den Kunden tun, aber wissen oft selbst nicht, wer sie eigentlich sind.

- Das ausgeprägte Erwachsenen-Ich ist wichtig für eine gesunde Persönlichkeit: Es moderiert die beiden anderen Ich-Zustände und sorgt dafür, dass deren Transaktionen im Dienste klar prüfbarer Eigenschaften stehen. Agiert das Unternehmen aus dem Erwachsenen-Ich heraus, dann informiert es sachlich, klar, aber nicht appellierend. Um so zu agieren, braucht es das Eltern-Ich oder Kind-Ich. Das starke, vom Erwachsenen-Ich gesteuerte Unternehmen weiß, was es kann und was gut ist für die Menschen, mit denen es in Beziehung steht. Das Unternehmen weiß, wie es unser Leben bereichern kann. Hierfür hat es mitunter einen Auftrag, eine Vision für ein Belohnungsversprechen, die es beharrlich verfolgt. Das starke Unternehmen führt. Es braucht ein gut entwickeltes Erwachsenen-Ich, das die beiden anderen Ich-Zustände im Sinne sachlicher, überprüfbarer Vorgaben steuert.

Damit Sie diese Einsichten Gewinn bringend einsetzen können, ist es hilfreich, die Ich-Zustände weiter zu unterscheiden: Das Eltern-Ich Ihres Unternehmens unterscheidet sich in das kritisch-strukturierende und das fürsorgliche Eltern-Ich:

- Im kritischen Eltern-Ich Ihres Unternehmens finden sich sämtliche Ausdrucksformen von Kontrolle, wie Ver- und Gebote, Vorurteile, Zurechtweisungen, Normen, Verhaltensregeln. Dieser Zustand kennzeichnet die Haltung des strengen Firmenchefs, der vorgibt, was im Unternehmen erlaubt und was verboten ist.
- Das fürsorgliche Eltern-Ich Ihres Unternehmens steht für Unterstützung, Bestärkung, Schutz, Lob und Hilfe. Ein Beispiel hierfür wäre Claus Hipp, Hersteller von Babynahrung, der beste Qualität zum Wohl des Kindes bietet.

Das Kind-Ich differenziert sich in freies und angepasstes Kind:

- Das freie Kind enthält den ursprünglichsten, natürlichsten Teil der Persönlichkeit Ihres Unternehmens. Kreativität und Intuition sind zwei wesentliche Merkmale des Kind-Ich-Zustands.
- Das angepasste Kind orientiert sich vornehmlich an Erwartungen anderer, stellt die Einhaltung von Regeln, Ge- und Verboten in den Vordergrund. Eine Abwandlung des angepassten Kindes ist das rebellische Kind, das sich ausdrückt über Ärger, Trotz, die Ablehnung gegen alles Vorgegebene. Da es sich dabei ausnahmslos an anderen orientiert, wie es das angepasste Kind auch tut, unterscheidet es sich zwar in seinem Auftreten, nicht jedoch in den Grundzügen seines Verhaltens.

Wichtig ist, dass es keinen per se „schlechten" Ich-Zustand gibt – alle haben ihre positiven und negativen Ausprägungen: Ohne das Verbot des kritischen Eltern-Ich: „Gehe nicht bei Rot über die Straße", wäre manches Kind nicht über das vierte oder fünfte Lebensjahr hinaus gekommen.

Nach dem Blick auf die Ich-Zustände fällt die Antwort auf die Frage leichter:

- Aus welchem Ich-Zustand heraus kommuniziert Ihr Unternehmen mit seinen Bezugsgruppen?
- Und welchen Ich-Zustand spricht es damit bei den Bezugsgruppen an?

- **Unser Eltern-Ich:** Das Unternehmen kann unser Eltern-Ich ansprechen, indem es an unser Gewissen appelliert, uns für das Wohl des Unternehmens einzusetzen.
- **Unser Kind-Ich:** Das Unternehmen kann unser wildes, experimentierendes Kind ansprechen, wenn wir Forscher sind und nach Innovationen suchen.
- **Unser Erwachsenen-Ich:** Das Unternehmen informiert uns über sachlich-funktionale Leistungen.

Folgende Beispiele, in denen die beschriebenen Haltungen des Unternehmens zum Ausdruck kommen, kennen wir aus der Werbung:

- Media Markt: Lass Dich nicht verarschen (Kritische Eltern – Angepasstes Kind).
- Opel: Frisches Denken für bessere Autos (Fürsorgliche Eltern – Angepasstes Kind).
- Sparkasse: Wenn's um Geld geht – Sparkasse (Erwachsenen-Ich – Erwachsenen-Ich).
- BMW: Freude am Fahren (Freies Kind – Freies Kind).
- EBay: 3,2,1 meins (Freies Kind – Freies Kind).
- Allianz: Hoffentlich Allianz versichert (Angepasstes Kind – Kritische Eltern).
- Saturn: Geiz ist geil! (Rebellisches Kind – Kritische Eltern).

Tatsächlich provozieren bestimmte Ich-Zustände des Unternehmens die Reaktionen der Ich-Zustände der Mitarbeiter: Das kritische Eltern-Ich des Unternehmens provoziert beispielsweise Reaktionen des angepassten oder rebellischen Kindes der Mitarbeiter. Die Firmenleitung sagt: „Arbeite härter!", und Mitarbeiter reagieren mit: „Ja, es ist besser für das Unternehmen und mich, wenn ich mehr leiste", oder: „Jetzt mache ich erst recht Dienst nach Vorschrift". Ob die Appelle wirken, hängt davon ab, ob das Unternehmen aus dem richtigen Ich-Zustand heraus die passende Haltung der Mitarbeiter anspricht. Hinzu kommt die Art, in welcher Haltung und in welchem Ton das Unternehmen seine Appelle vermittelt.

▶ Dieses Wechselspiel macht die Transaktionsanalyse so hilfreich für die Analyse der Wirkung Ihres Unternehmens auf dessen Bezugsgruppen.

Die Transaktionsanalyse zeigt auch, wie wichtig Glaubwürdigkeit ist: Wie glaubwürdig wirkt ein Vorgesetzter, der einerseits ständig vorgibt, mit anderen aus dem freien Kind zu kommunizieren, also betont locker, fröhlich und frei auftritt, aber andererseits ständig aus dem kritischen Eltern-Ich redet? Wie lange kann jemand in der Rolle des Freien, Frechen bleiben, wenn er sein anderes, eigentliches Wesen immer unterdrücken muss? Eine Finanzbehörde, die mit dem Slogan „Geiz ist geil" in die Öffentlichkeit träte, hätte es sehr schwer, als glaubwürdig zu gelten.

Ein typischer Fehler, den Unternehmen in ihrem CIM machen, ist die Wahl des falschen Ich-Zustandes, aus dem heraus sie reden: Sprechen sie aus dem Eltern-Ich heraus das Kind-Ich an, könnten die Bezugsgruppen dies ablehnen, weil sie sich bevormundet fühlen. Ein Beispiel wäre, wenn ein Firmenchef zum Journalisten sagt: „Diese Frage dürfen Sie aber nicht stellen."

Eine weitere Erklärung liefert die Transaktionsanalyse für das Verhältnis von Unternehmensleitung und Mitarbeitern: Einerseits will das Unternehmen angeblich Mitarbeiter, die sich an der internen Kommunikation beteiligen (zum Beispiel durch Beiträge im Intranet), kritisch und kreativ sind; andererseits erleben die Mitarbeiter die Firmenleitung im kritischen Eltern-Ich, das nicht kritisiert werden will und am liebsten ein „angepasstes Kind" in den Mitarbeitern hätte.

Zusammenfassend lässt sich festhalten:

Die Transaktionsanalyse ermöglicht Ihnen, jene grundsätzliche Haltung zu bestimmen, aus der Sie Ihre Beziehungen gestalten. Sie ermöglicht Ihnen, die Grundhaltungen Ihrer Bezugsgruppen zu beschreiben und mit einem angemessenen Konzept hierauf zu reagieren.

- Notieren Sie Ihre wichtigsten internen und externen Bezugsgruppen.

- Beschreiben Sie, was die Beziehung derzeit mit diesen Bezugsgruppen charakterisiert.

- Prüfen Sie, welche Beziehung es zu diesen Bezugsgruppen künftig haben sollte, damit diese für alle befriedigend ist.

- Prüfen Sie, ob Sie dieses Beziehungsangebot von Ihren Konkurrenten unterscheidet.

5.3 Identifikation

Die Kenntnis der Unternehmenspersönlichkeit und des Beziehungsangebotes sind Voraussetzung, dass sich die Bezugsgruppen mit Ihrem Unternehmen identifizieren können: Die Bezugsgruppen werden nämlich jenem Unternehmen positiv gegenüberstehen, dessen Unternehmenspersönlichkeit der tatsächlichen oder der angestrebten Persönlichkeit der Bezugsgruppe entspricht. Das bedeutet, dass Menschen ein Unternehmen wie Body Shop deshalb unterstützen, weil dessen soziale Verantwortung dem Selbstbild des Verbrauchers am stärksten entspricht. Menschen können sich mit McDonald's identifizieren, weil ihnen Spaß und Familienwerte wichtig sind. Der Träger des Sportschuhs von Nike kann auf diese Weise selbst zum Sieger werden. Für die Gestaltung der Unternehmenspersönlichkeit folgt hieraus:

Ihre Unternehmenspersönlichkeit sollte möglichst stark mit dem Selbstimage der Bezugsgruppen oder deren gewünschtem Image übereinstimmen!

Forscher haben außerdem herausgefunden, dass Personen mit tendenziell schwacher Persönlichkeit sich eher mit einem Unternehmen identifizieren als Personen mit einer starken Persönlichkeit.

Die Identifikation ist jener Faktor, der die langfristige Bindung der Bezugsgruppen an Ihr Unternehmen am besten erklären kann. Fehlt die Identifikation, zum Beispiel weil die Bezugsgruppen keinen Identifikationsanker haben, bleiben die Bindungen an Ihr Unternehmen schwach. Oft ist dies sogar bei den eigenen Mitarbeitern zu finden.

Reflexion

- Welche Gemeinsamkeiten bestehen zwischen Ihrem Unternehmen und seinen Bezugsgruppen?

- Wodurch können sich Ihre Bezugsgruppen mit Ihrem Unternehmen identifizieren?

- Welche zusätzlichen Identifikationsangebote könnten Sie entwickeln?

Vertrauen 5.4

Zentraler Begriff für das CIM ist Vertrauen. Vertrauen bedeutet nach Rotter die „Erwartung eines Individuums oder einer Gruppe, dass man sich auf das Wort, die Versprechen, die verbalen oder geschriebenen Aussagen anderer Individuen oder Gruppen verlassen kann." Dies setzt voraus, dass jemand das Unternehmen kennt und möglichst schon gute Erfahrungen mit ihm gemacht haben sollte.

 Man vertraut dem, den man kennt

Vertrauen zum Unternehmen ist für Ihre Bezugsgruppen deshalb so wichtig, weil sich für sie das wahrgenommene Risiko verringert, von Ihrem Unternehmen und seinen Leistungen enttäuscht zu werden.

Vertrauen hat auch eine ökonomische Seite: Durch Vertrauen spart der Konsument jene Kosten, die er für das Verringern des Risikos ausgegeben hätte, zum Beispiel Informationskosten für die Suche nach geeigneten, zuverlässigen Anbietern oder finanzielle Reserven zum Abdecken von Risiken (Versicherung).

Vertrauenswürdig kann aber nur jener sein, der ein klares Bild von sich hat und dieses Bild widerspruchsfrei und glaubwürdig vermittelt. Der Soziologe Niklas Luhmann spricht von „Sicherheit der sozialen Selbstdarstellung" und meint damit, wie gut es Personen oder Sozialsystemen gelingt, „ein konsistentes Bild von sich selbst zu entwerfen und zu sozialer Geltung zu bringen". Andersherum: Vertrauen kann man nur jenem Unternehmen, das eine Persönlichkeit besitzt.

Die starke Unternehmenspersönlichkeit und tiefes Vertrauen hängen eng zusammen.

In einigen Branchen spielt Vertrauen eine herausragende Rolle, zum Beispiel in der Technologiebranche:

- Die Innovationsflut erfordert es, sich durch einen starken und prägnanten Unternehmensauftritt aus der Masse hervorzuheben und die Vorteile der Leistungen glaubwürdig zu vermitteln.
- Einige Leistungen sind erklärungsbedürftig (elektronische Bauteile), sie sind nicht sichtbar (zum Beispiel Energie) oder deren Erstellung ist direkt an Menschen gebunden (zum Beispiel Beratung). In diesen Fällen nehmen die Marktpartner ein höheres Risiko wahr („Wird die Beratung oder die Software meine Probleme lösen?").
- Die Produkte ändern sich schnell, wie im Fall von Software. Das Prüfen jeder Neuversion vor dem Kauf ist ökonomisch nicht sinnvoll.

Eine guter Name kann Sicherheit bieten und das wahrgenommene Risiko verringern, vom Anbieter enttäuscht zu werden: Intel hat es vorgemacht (Intel inside).

Vertrauen ist die Voraussetzung für dauerhafte Beziehungen. Auch bei Unternehmen gilt:

Dem man vertraut, bleibt man treu.

In Bezug auf Vertrauen sollten Sie zwei Aspekte beachten:

- **Auch wenn Menschen mit einem Unternehmen zufrieden sind, müssen sie ihm nicht treu sein:** Grund dafür ist ein Phänomen, das in der Fachsprache als „Variety Seeking" bezeichnet wird. Mit diesem Begriff wird das Bedürfnis des Konsumenten nach Abwechslung bezeichnet, obwohl er mit dem Unternehmen bzw. der Marke zufrieden ist. Um dieses Bedürfnis zu befriedigen und seine Bezugsgruppen trotzdem zu halten, muss sich das Unternehmen immer neu inszenieren, damit die Bezugsgruppen vom Unternehmen nicht gelangweilt sind. Eine Möglichkeit ist, dass Sie wechselnde Geschichten über Ihr Unternehmen und dessen Leistungen erzählen, die faszinieren und Ihre Bezugsgruppen halten (siehe Kap. 9.4.4).
- **Die Menschen verschenken ihr Vertrauen nicht gutwillig,** Ihr Unternehmen muss es sich verdienen und das Leistungsversprechen immer wieder beweisen. „Vertrauen kann man nicht kommunizieren, man muss es sich verdienen", drückt es Prof. Rajiv Lal von der Harvard Universität aus.

Folgende Aspekte können Vertrauen in das Unternehmen festigen:

Was Vertrauen schafft	Konsequenzen Ihr CIM
Vertrauen kann durch eigene Erfahrungen entstehen, durch Gebrauch oder Verbrauch von Leistungen.	Sie sollten Ihren Bezugsgruppen ermöglichen, eigene Erfahrungen mit dem Unternehmen und seinen Leistungen zu sammeln, z. B. durch Produktproben und auf Messen.
Die Bezugsgruppe hat die Leistungen des Unternehmens bei anderen Personen beobachtet oder ist durch persönliche Kommunikation darüber informiert.	Sie sollten intensiven Austausch innerhalb (!) der Bezugsgruppen ermöglichen, zum Beispiel auf Events oder in Internet-Foren.

▪ Vertrauen entsteht durch direkte Kommunikation des Unternehmens mit seinen Bezugsgruppen.	▪ Ermöglichen Sie Dialog. Verdeutlichen Sie, wer hinter dem Unternehmen steht und wer wartet, auf die Wünsche der Bezugsgruppen einzugehen.
▪ Vertrauen entsteht durch Berechenbarkeit, durch Stabilität und Kontinuität.	▪ Sie sollten Ihre starke und einzigartige Unternehmenspersönlichkeit durch Ihr gesamtes Auftreten vermitteln, also Design, Kommunikation und Verhalten: Die Unternehmenspersönlichkeit sollte Merkmale umfassen, die dauerhaft sind.
▪ Vertrauen entsteht durch Selbstbindung des Anbieters: Dieser muss glaubhaft signalisieren, dass er von seinen Leistungen überzeugt ist und sich dauerhaft engagieren will.	▪ Sie sollten in einem Leitbild verbindlich darstellen und erläutern, was das Denken und Handeln Ihres Unternehmens bestimmt (siehe Kap. 2). Das Unternehmen kann Beweise für diese Überzeugungen anbieten, zum Beispiel auf der Website.
▪ Vertrauen entsteht durch Sicherheit: Kontrollen und Gütesiegel des Staates und anderer Institutionen.	▪ Sie sollten Testurteile, Referenzen, Expertenmeinungen und Auszeichnungen darstellen. Das Internet bietet hierfür einzigartige Möglichkeiten durch seine Hypermedialität.

Abb. 5.1: Wie Vertrauen entsteht und was Vertrauen fördert

Vertrauen und Kompetenz

Die Kompetenz (Fachkunde) des Unternehmens ist die Basis für seine Vertrauenswürdigkeit: Die Bezugsgruppe kann sich darauf verlassen, dass das Unternehmen fähig und bereit zur Leistung ist. Das Unternehmen gibt hierzu ein überzeugendes Leistungsversprechen ab, das es einhalten muss, damit es seine Bezugsgruppen als verlässlich wahrnehmen. Dieses Leistungsversprechen sollte schriftlich im Unternehmensleitbild fixiert sein, damit sich alle Unternehmensfunktionen an seiner Umsetzung beteiligen.

Wichtig ist, seine Kompetenz den Bezugsgruppen lebendig und deutlich wahrnehmbar zu vermitteln: Es reicht nicht aus, zu sagen, man sei kompetent, weil dies ungenau ist und jeder behauptet!

Stattdessen sollte das Unternehmen seinen Nutzen lebendig und deutlich wahrnehmbar vermitteln:

- Wie zeigt sich seine Kundenorientierung?
- Geht das Unternehmen auf Sonderwünsche ein?
- Beantwortet es Kundenanfragen schnell und zuverlässig?
- Fertigt es individuelle Produkte an?

All dies kann Kundenorientierung bedeuten.

▶ **Die Leistung des Unternehmens sollte bedeutsam sein, deutlich wahrnehmbar und sie sollte auf den Kernkompetenzen des Unternehmens beruhen!**

- Warum können sich die Menschen auf Ihr Unternehmen verlassen?

- Was gibt Ihren wichtigen Bezugsgruppen Sicherheit im Umgang mit Ihrem Unternehmen?

- Wie können Sie das wahrgenommene Vertrauen in Ihr Unternehmen fördern?

Ziele des Corporate Identity Managements

6

Die Gestaltung des Selbstverständnisses Ihres Unternehmens ist ein Managementprozess, der zielgerichtet verlaufen sollte.

In diesem Kapitel erfahren Sie,

warum es wichtig ist, dass Ziele, Strategien und Maßnahmen so geplant und organisiert werden, dass es allen Beteiligten in Ihrem Unternehmen möglich ist, sich auf ein gemeinsames Vorgehen festzulegen und zu prüfen, ob dieses Vorgehen auch zum gewünschten Erfolg führt.

Ein wesentlicher Grund für die Bedeutung des CIM ist, dass es Produktivität und Leistung der Mitarbeiter steigern soll. Dies lässt sich so erklären:

- **Gemeinsames Ziel:** Alle Mitarbeiter arbeiten auf ein gemeinsames (Unternehmens-)Ziel hin. Dies verbessert die Unternehmensführung.
- **Transparenz:** Durch gemeinsame Vereinbarungen werden Prozesse und Strukturen transparent und begreifbar. Mitarbeiter wissen, was von ihnen erwartet wird und können ihr Verhalten den Wünschen des Managements anpassen.
- **Synergien werden möglich:** Dies funktioniert nach dem Prinzip: $1 + 1 = 3$. Zum Beispiel kann im Rahmen der Kommunikation die Werbung glaubwürdiger werden, wenn bereits durch Öffentlichkeitsarbeit Vertrauen und Akzeptanz aufgebaut sind.
- **Kosten sinken:** Durch einheitliche Gestaltungsrichtlinien für Anzeigen, Prospekte und Geschäftsdrucksachen können die Entwurfs- und Produktionskosten sinken, da individuelle Neuentwürfe unnötig werden.

Das wichtigste Ziel für viele Unternehmen ist: CIM soll bei den Mitarbeitern ein starkes und einzigartiges Vorstellungsbild vom Unternehmen erzeugen, mit dem sich die Mitarbeiter identifizieren können. Das entstehende „Wir-Gefühl" steigert die Arbeitszufriedenheit und damit Motivation und Leistung. Corporate Identity strebt die Zustimmung der Mitarbeiter zu einem gemeinsamen Handeln mit vereinbarten Werten und Spielregeln auf der Grundlage eines Selbstverständnisses an, das die Einstellungen, Wünsche und Erwartungen der Mitarbeiter berücksichtigt hat.

Das Berücksichtigen der Wünsche und Erwartungen der Mitarbeiter wird immer wichtiger: Mitarbeiter sind emanzipierter, wollen stärker einbezogen werden und größere Handlungsspielräume nutzen. Bietet die berufliche Tätigkeit keine persönliche Entfaltung und Spaß, ziehen sich die Mitarbeiter stärker in den privaten Bereich zurück.

Werden Hochschulabsolventen nach ihren Erwartungen an eine Tätigkeit befragt, stehen „herausfordernde Tätigkeit", „individuelles Arbeiten", „Aus- und Weiterbildung" sowie „Führung durch Mitwirkung bzw. moderne Führung" an oberster Stelle. Ein attraktives Gehalt oder viel Freizeit werden erst an siebter und achter Stelle genannt.

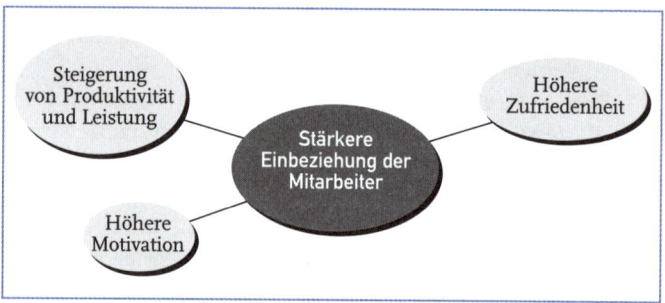

Abb. 6.1: Zusammenhang zwischen Arbeitszufriedenheit und Leistung

Dr. Hans-Jochen Heinrich, Vorsitzender der Geschäftsleitung von Lever Sunlicht, schrieb in der Hauszeitschrift Sunlichter anlässlich der Vorstellung und Einführung der CI schon im Juli 1971: „Wie möchten wir sein? Modern, unkompliziert und unbürokratisch. Eine Firma, in die man gern geht, wo man gerne arbeitet. Mit der man sich identifizieren will und kann. Weil sie erfolgreich ist, weil sie jeden Mitarbeiter respektiert, keinen gängelt, niemanden triezt. Wo man den Einzelnen wirklich mitarbeiten, mitgestalten lässt, wo er Verantwortung tragen darf ...".

Das klingt gut, aber die Praxis sieht vielerorts anders aus: Viele Studien zeigen, dass sich Bemühungen, die Mitarbeiter in die Meinungsbildung im Unternehmen einzubeziehen, wenn überhaupt, nur ansatzweise erkennen lassen.

Das stärkere Einbeziehen der Mitarbeiter in das Unternehmensgeschehen stellt eine der größten Herausforderungen an das Corporate Identity Management dar.

Ziel des Corporate Identity Managements nach außen ist die Profilierung des Unternehmens, um den steigenden Anforderungen aus Markt und Gesellschaft zu begegnen: CIM soll in den Augen der wichtigen Bezugsgruppen ein Vorstellungsbild der Unternehmenspersönlichkeit entstehen lassen: das Corporate Image. Dieses eindeutige, konsistente und widerspruchsfreie Vorstellungsbild vom Unternehmen ist Basis, damit sich Glaubwürdigkeit, Sicherheit und Vertrauen entwickeln können.

Das unverwechselbare, charakteristische Image ermöglicht dem Unternehmen und seinen Produkten, aus der Anonymität und der Informationsflut herauszutreten und erkennbar zu werden. Identifikation und Vertrauen stabilisieren das Verhältnis des Unternehmens mit seinen Bezugsgruppen und ermöglichen, dass diese Bezugsgruppen die Unternehmensziele unterstützen.

Das Beispiel der Berliner Stadtreinigung BSR zeigt, wie eine Imagekampagne sowohl interne als auch externe Wirkung erzielen kann. Mit der Kampagne, die eigentlich für die Berliner Bevölkerung gedacht war, konnten sich auch die Mitarbeiterinnen und Mitarbeiter der BSR identifizieren.

Abb. 6.2: Imagekampagne der Berliner Stadtreinigung (BSR)

Positionierung bedeutet, dass das Unternehmen bei seinen Bezugsgruppen ein klares Vorstellungsbild entwickelt, das sich deutlich von anderen Unternehmen abgrenzt. Als Faustregel kann gelten: Je mehr Kontrast ein Unternehmen zu seinen Wettbewerbern hat, desto klarer wird das Vorstellungsbild. Denken Sie an Unternehmen wie die Deutsche Bank, Porsche und die Lufthansa – haben Sie von diesen Unternehmen eine klare, einzigartige Vorstellung? Sie können diese Unternehmen leicht erkennen und deutlich von anderen unterscheiden? Sie wissen, wofür diese Unternehmen stehen und können sich daher leicht und gezielt entscheiden?

Verspricht ein Unternehmen das Gleiche wie seine Konkurrenten, wäre es aus Sicht der Bezugsgruppen egal, welches Unternehmen sie unterstützen. Interessanterweise geschieht genau dies in vielen Branchen, zum Beispiel im Maschinenbau, indem alle Unternehmen Begriffe verwenden wie „innovativ", „kompetent" und „partnerschaftlich".

Reflexion

- Formulieren Sie die internen Ziele für Ihr Corporate Identity Management anhand Ihrer wichtigen interne Bezugsgruppen (Führungskräfte, Angestellte, Gewerbliche, Auszubildende, Ehemalige).

- Formulieren Sie die externen Ziele für Ihr Corporate Identity Management anhand Ihrer wichtigen Bezugsgruppen (Kunden, Lieferanten, Geldgeber, Politiker, Journalisten)

Corporate Identity Management und Unternehmenswert

Die Weigerung, ernsthaft Corporate Identity Management zu betreiben, wird oft mit dem fehlenden Nachweis seiner Wirksamkeit begründet.

7

In diesem Kapitel erfahren Sie,

welchen positiven Einfluss Corporate Identity Management auf das Verhalten der Mitarbeiter ausübt und wie dadurch der Unternehmenswert enorm gesteigert werden kann.

Die starke Unternehmenspersönlichkeit hat einen hohen Wert: Der Konzern Philip Morris zahlte für das Unternehmen Kraft, mit Marken wie Philadelphia, Miracel Whip, Scheibletten, das Vierfache von dessen Nettovermögen. Nestlé übernahm Rowntree samt Smarties, Kitkat, After Eight, Rolo, Quality Street zum fünffachen Buchwert. Firmen wie Yahoo und eBay haben kaum Eigenkapital und so gut wie kein Anlagevermögen, jedoch eine Börsenkapitalisierung in Milliardenhöhe.

Der Marktpreis eines an der Börse notierten Unternehmens ergibt sich aus der Multiplikation des Aktienkurses mit der Zahl der ausgegebenen Aktien. Interbrand ermittelt regelmäßig den Börsenwert von Unternehmen: Für Microsoft beträgt er gegenwärtig rund 65 Milliarden Dollar, für IBM 52 Milliarden und für General Electric 42 Milliarden Dollar. Was den Wert dieser Unternehmen ausmacht, ist die Stärke der Unternehmenspersönlichkeit.

Der Unternehmenswert ergibt sich daraus, dass eine wichtige Bezugsgruppe aufgrund seiner Vorstellungen vom Unternehmen dieses einem anderen Unternehmen vorzieht: Welchen Betrag ist der Kunde bereit, für die Unternehmensberatung von Roland Berger mehr zu zahlen als für die einer anderen Beratungsgesellschaft? Zieht der qualifizierte Stellensuchende ein bestimmtes Unternehmen aufgrund seines Vorstellungsbildes einem anderen vor? Diese Bereitschaft lässt sich messen.

Der Wert der Unternehmenspersönlichkeit liegt nicht einzig in Ihrem Unternehmen, sondern vor allem in den Köpfen Ihrer Bezugsgruppen.

Vorteile des hohen Unternehmenswertes:

- Die Bezugsgruppen können bereit sein, einen höheren Preis für die Leistungen des Unternehmens zu zahlen, wie im Fall der Unternehmensberatung von Roland Berger.
- Die Bezugsgruppen bringen einem Unternehmen mit starker Unternehmenspersönlichkeit mehr Sympathie und stärkere Treue entgegen. Hierdurch kann der Anbieter dauerhaft höhere Erträge erzielen.
- Die starke Bindung zum Unternehmen verringert Kosten, denn es ist billiger, Kunden zu halten als Neukunden zu

gewinnen. Studien belegen, dass der durch den Verlust loyaler Kunden entstehende Schaden bis zu siebenmal so hoch ist, wie die Kosten für das Gewinnen neuer Kunden.

- Die starke Unternehmenspersönlichkeit stärkt die Wettbewerbsposition, da sie eine Barriere darstellt, die Konkurrenten durch kostspielige Angriffe überwinden müssen.
- Unternehmen mit hohem Wert haben mehr Potenzial für Erweiterungen auf andere Unternehmen und Leistungen.
- Die starke Unternehmenspersönlichkeit wirkt auch nach innen: Sie ermöglicht, dass sich die Mitarbeiter mit dem Unternehmen identifizieren und ihm ihre Leistung voll zur Verfügung stellen.

Die Kenntnis Ihrer Unternehmenspersönlichkeit spielt für das Steigern des Unternehmenswertes die wesentliche Rolle: Sie gibt Auskunft darüber, welchen Nutzen Ihr Unternehmen seinen Bezugsgruppen bietet, wie Sie sich gegen Angriffe von Wettbewerbern verteidigen können und auf welche neuen Unternehmensteile Sie den Nutzen übertragen könnten, ohne Ihre Unternehmenspersönlichkeit zu verwässern.

Das Corporate Identity Management steigert Ihren Unternehmenswert, indem es beiträgt, Ihr Unternehmen bekannter zu machen und sein einzigartiges und attraktives Image gezielt zu entwickeln!

Besonders stark sind jene Unternehmen, die die Leitfunktion in ihrer Kategorie erkämpft haben, wie zum Beispiel die Allianz für Versicherungen, Otto im Versandhandel und Amazon im Internethandel. Künftig wird es überlebenswichtig sein, zu diesen Marktführern zu gehören, da Konsumenten nur jeweils ein bis zwei Angebote pro Kategorie in die enge Auswahl, ihr „Relevant Set", ziehen werden.

Beim Aufbau und der Pflege Ihre Unternehmenspersönlichkeit investieren Sie langfristig.

Fazit

Der Blick auf die Argumente für und wider CIM zeigt: Ein Unternehmen sollte sich gründlich mit den Argumenten auseinandersetzen, bevor es vorschnell auf sein Potenzial verzichtet (siehe auch die Argumente und Gegenargumente in Kapitel 12).

Gegenargumente und Antworten

Professionelles CIM steigert den Unternehmenswert durch systematische und langfristige Gestaltung des Unternehmensimages. Jedoch werden in der Praxis oft nicht genügend Mittel zur Verfügung gestellt. Hierfür nennen die Verantwortlichen folgende Gründe:

- „CIM bringt zu wenig erkennbaren Nutzen!"

  Solche Äußerungen sind verständlich, denn oft wird als Nutzen formuliert: „Mitarbeiter motivieren", „Sympathie steigern", „Vertrauen aufbauen". Solche Argumente, auch wenn sie zutreffend sind, schneiden gegen konkrete Argumente wie „Marktanteile sichern" und „Umsatz erhöhen" schlecht ab.

  Tatsächlich trägt die Unternehmenspersönlichkeit unmittelbar zur Stärkung der Position bei, indem wichtige Bezugsgruppen meinen, das Unternehmen befriedige deren Bedürfnisse auf einzigartige Weise. Durch diese Einschätzung bilden sich dauerhafte Präferenzen, die sich in einer starken Wettbewerbsposition niederschlagen. Die Mitarbeiter können sich mit der starken Unternehmenspersönlichkeit identifizieren und sich daher für das Unternehmen stärker einsetzen. Finanzanalysten sind von der Zukunft des Unternehmens überzeugt und sprechen deshalb ihre Kaufempfehlungen aus.

- „Wir haben kein Geld!"

  CIM erfordert zwar den Einsatz von Geld; jedoch ist dieses Geld sinnvoll angelegt, weil das CIM den Unternehmenswert durch ein starkes, einzigartiges Image erhöht, das dem Unternehmen Wettbewerbsvorteile verschaffen soll.

  Corporate Identity Management ist nicht zwangsläufig an große Etats gebunden (die es heutzutage ohnehin nicht mehr

---

gibt). Viele Möglichkeiten stehen zur Verfügung, erfolgreiches CIM ohne großen Kostenaufwand zu betreiben. Der Grund ist, dass die Diskussionen über die Unternehmenspersönlichkeit im Vordergrund stehen und die meisten Instrumente ohnehin erstellt werden müssen.

Ist nur ein geringer Etat verfügbar, ist dies immer noch besser als gar nichts. Aber: Achten Sie darauf, dass fehlende Mittel kein Zeichen von Desinteresse der Unternehmensleitung sind. Die Firmenspitze muss ein klares Bekenntnis zum CIM ablegen, sonst können Sie dieses nicht effektiv betreiben.

- „Wir können nicht warten, bis das CIM wirkt!"

„Uns fehlt einfach die Zeit", klagen Führungskräfte in Unternehmen. Die hohe Arbeitsbelastung gewähre zu wenig Raum für das langfristige Gestalten der Unternehmenspersönlichkeit. Eine Folge des hohen Arbeitsdrucks ist, dass der Terminplan gefüllt ist mit Aktionen und Maßnahmen. Auf der Strecke bleiben langfristige Bemühungen um das Überleben des Unternehmens. Und hierzu gehört das CIM.

Ein Beispiel: In Zeiten, in denen sich die Produkte und Leistungen kaum noch objektiv unterscheiden, müssen sich Unternehmen immer stärker durch ihr Erscheinungsbild voneinander abgrenzen. Einen wesentlichen Beitrag hierzu kann das CIM leisten, indem es das Unternehmen bezugsgruppengerecht profiliert. Sollte dennoch für das CIM wenig Zeit zur Verfügung stehen, muss dieses nicht selbst gestaltet, sondern kann von außen organisiert oder zumindest unterstützt werden.

- „Der Erfolg lässt sich nicht messen!"

Fachleute diskutieren schon lange darüber, wie sich der Erfolg des CIM nachweisen lässt. Manche finden das so schwer wie das Messen von Gas mit einem Gummiband. Fest steht, dass die Akzeptanz des CIM bei der Geschäftsleitung oder einem Auftraggeber davon abhängt, ob und wie ihr Erfolg nachgewiesen werden kann. Dies ist verständlich: Wer bezahlt schon gern für Dinge, die keinen Erfolg bringen? Der CIM-Manager muss daher – ähnlich wie sein Kollege aus dem Marketing dies mit Absatzzahlen kann – den Nutzen seiner Aktivitäten belegen. Doch davon ist die Praxis oft weit entfernt: Erfolg oder Wirkung des CIM werden in den meisten Fällen nicht geprüft.

Ist dies überhaupt möglich? Ja! Wenn, wie oben festgestellt, CIM die Aufgabe hat, das starke, einzigartige Vorstellungsbild von der Unternehmenspersönlichkeit zu gestalten, damit die Bezugsgruppen das Unternehmen einem anderen vorziehen, stehen hierfür wissenschaftliche Methoden und Instrumente zur Verfügung: Zum Beispiel äußern Mitarbeiter auf einem Fragebogen ihre Zufriedenheit mit der internen Kommunikation. Kunden schildern, was sie über das Unternehmen wissen und wie sie dies bewerten.

Befragungen, Beobachtungen und Experimente liefern zuverlässige Aussagen über Bekanntheit und Image des Unternehmens und damit über den Nutzen des CIM. Allerdings muss man diese Instrumente kennen und einsetzen.

Reflexion

- Erarbeiten Sie eine konkrete Argumentation, wie Ihr Corporate Identity Management den Wert Ihres Unternehmens erhöht.

- Legen Sie hierzu den Beitrag jeder Bezugsgruppe am Unternehmenswert fest.

- Geben Sie an, welches Vorstellungsbild die Bezugsgruppen benötigen, um Sie beim Erreichen Ihrer Unternehmensziele zu unterstützen.

Bestandteile des Corporate Identity Managements

CIM ist ein komplexer Managementprozess.

In diesem Kapitel erfahren Sie,

aus welchen Elementen sich dieser Prozess zusammensetzt und welcher Zusammenhang zwischen ihnen besteht.

8

Das Gestalten der Unternehmenspersönlichkeit umfasst vier Elemente:

- Kultur
- Leitbild
- Instrumente
- Image

Diese Elemente sind eng verknüpft und beeinflussen sich gegenseitig.

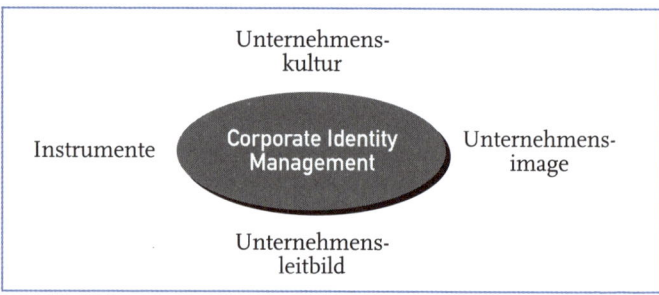

Abb. 8.1: Die vier Elemente des Corporate Identity Managements

8.1 Unternehmenskultur

Grundlage der Unternehmenspersönlichkeit ist die Unternehmenskultur. Der Begriff Kultur steht für das, was im Unternehmen wichtig und wünschenswert ist:

- Dauer oder Wandel?
- Egoismus oder Gemeinschaft?
- Nähe oder Distanz?
- Gleichberechtigte oder einseitige Beziehungen?
- Innovation oder Kostenorientierung?
- Vergangenheit oder Zukunft?

Unternehmenskultur zeigt sich im Denken und Handeln aller Mitarbeiter, zum Beispiel:

- wie das Unternehmen mit seinen Bezugsgruppen redet,
- wie sich die Telefonistinnen und Sekretärinnen verhalten,

- ob das Unternehmen auf die Wünsche und Erwartungen seiner Bezugsgruppen eingeht,
- ob die Mitarbeiter rechtzeitig und umfassend informiert sind,
- wie es mit Konflikten und Kritik umgeht,
- ob es Tabuthemen gibt,
- wie Versammlungen ablaufen,
- wie der Briefstil des Hauses ist,
- wie die Gerüchteküche funktioniert.

Durch seine Kultur ist jedes Unternehmen einzigartig, denn in jedem Unternehmen arbeiten unterschiedliche Menschen mit unterschiedlichen Erfahrungen und unterschiedlichen Persönlichkeiten. Die Gestaltung der Unternehmenspersönlichkeit sollte dies berücksichtigen:

Erkennen und fördern Sie die Einzigartigkeit Ihres Unternehmens.

Sind Ihre Unternehmenswerte für Ihre Bezugsgruppen attraktiv, können diese sich eher mit dem Unternehmen identifizieren. Sie setzen sich für dessen Ziele ein, weil es über die gleichen Werte verfügt wie sie selbst oder über Werte, die sie gern hätten (Selbstimage, Idealimage).

Kultur macht verlässlich: Mitarbeiter, Kunden, Lieferanten und andere Bezugsgruppen können auf das künftige Verhalten des Unternehmens schließen.

Oft hat der Firmengründer solche Werte und Normen vor dem Hintergrund der jeweiligen Zeit und der Situation seines Unternehmens geprägt.

Die Unternehmenskultur kann maßgeblich dadurch bestimmt sein, dass sie aus einer bestimmten National- oder Regionalkultur heraus entstanden ist, zum Beispiel die „deutsche Gründlichkeit" im Fall der Lufthansa. Im Lauf der Jahre bewährt sie sich, sie gilt als selbstverständlich und wird an neue Mitarbeiter weitergegeben. Jeder weiß, was wichtig ist, was zählt, was verpönt ist und Sanktionen auslöst. Werte und Normen werden so zum Allgemeingut und stabilisieren das Unternehmen.

▶ **Unternehmenskultur ist immer vorhanden – es ist nicht möglich, dass es keine gibt.**

Die Unternehmenskultur ist durch die Mitarbeiter geprägt, wie im Fall der Deutschen Bank und BMW. Stimmen die Mitarbeiter den Unternehmenswerten zu, zum Beispiel dessen Kundenorientierung, kann dies die Bereitschaft der Mitarbeiter erhöhen, sich für das Unternehmen einzusetzen, weil sie einen Beitrag zum Erreichen des Gewünschten leisten wollen. Unternehmerische Werte wirken auch nach außen: Kunden, Lieferanten und die Bevölkerung können auf das künftige Unternehmensverhalten schließen.

Stärken der Vergangenheit können Schwächen der Zukunft sein

Eine starke Kultur wird zum Problem, wenn sie eines Tages nicht mehr zeitgemäß ist und sich nur langsam entwickelt – zu langsam für viele heutige Anforderungen.

Konflikte sind die Folge, wie folgende Beispiele aus der innerbetrieblichen Kommunikation zeigen:

- Hat die Unternehmensleitung früher nur den eigenen Standpunkt dargestellt, soll sie heute Gegenargumente einbeziehen und hierzu kritische Stellung beziehen.

- Haben die Vorgesetzten bislang Anweisungen erteilt, sollen sie heute Prozesse begleiten, offen und aktiv informieren.

- Hat ein Vorgesetzter früher nur über das informiert, was der Arbeiter brauchte, um seine Tätigkeit korrekt auszuführen, soll er heute über alles informieren, was den Mitarbeiter interessiert – zum Beispiel auch das Verhalten der Konkurrenz.

- Die Mitarbeiter sollen plötzlich aktiv werden, sie sollen sich an der Kommunikation beteiligen, Vorschläge machen und Ideen beisteuern. Das kennen sie so nicht.

Solche Herausforderungen muss ein Unternehmen bewältigen, denn die Dynamik des Umfeldes zwingt die Firmen zu Erneuerung, Flexibilität und ausgeprägter Kundenorientierung – und dies ist vielerorts nur mit einer tief greifenden Veränderung der Kommunikationskultur durch einen systematischen Wandel möglich.

▶ **Veränderungen scheitern oft nicht an den Schwächen von Unternehmen, sondern an deren Stärken.**

Heimliche Spielregeln

Eine besondere Rolle in der Kultur spielen heimliche Spielregeln. Der Unternehmensberater Scott-Morgan beschreibt sie in seinem gleichnamigen Buch. Diese „unheimlichen" Spielregeln prägen oft entscheidend das Verhalten und müssen deshalb sorgsam aufgedeckt werden. Gelingt dies nicht, bleiben Probleme unerkannt und schlagen sich negativ auf die Kommunikation nieder.

CIM erkennt die derzeit gelebte Unternehmenskultur, gleicht sie mit den Anforderungen der Belegschaft und des Umfeldes ab und entwickelt hieraus ein auf die Zukunft gerichtetes gemeinsames Selbstverständnis über die Unternehmenspersönlichkeit, das im Leitbild formuliert und verbindlich niedergeschrieben ist.

- Welche Kultur bestimmt Ihr Unternehmen?
- Welches sind die Stärken Ihrer Kultur?
- Welche sind die Schwächen?
- Warum sollte sich die Kultur in Ihrem Unternehmen entwickeln?
- Wie versuchen Sie, die Mitarbeitenden vom Wandel zu überzeugen?
- Warum ist die Zukunft besser als die Gegenwart?

Abb. 8.2: Faktoren der Unternehmenskultur

Unternehmensleitbild 8.2

Das Gestalten Ihrer Unternehmenspersönlichkeit setzt voraus, dass Sie und alle Beteiligten formuliert haben, wie sich die Unternehmenspersönlichkeit entwickeln soll und wie die Bezugsgruppen die Unternehmenspersönlichkeit sehen sollen.

Ihr Leitbild – auch Unternehmensphilosophie, Vision oder Mission genannt – formuliert das angestrebte Selbstverständnis über die Unternehmenspersönlichkeit. Basis sind die gelebte Unternehmenskultur sowie Wünsche und Erwartungen der Belegschaft und externen Bezugsgruppen.

Ihr Leitbild bildet die Grundlage, an der alle an der Gestaltung Beteiligten ihre Entscheidungen und ihr Handeln langfristig und koordiniert ausrichten können.

Beschreibt Ihre Unternehmenskultur die verkörperten Werte (Ist), formuliert das Leitbild Ihre gewünschte Unternehmenskultur (Soll). Im Idealfall stimmen Ist und Soll überein.

Ihr Leitbild bestimmt die Entwicklung Ihrer Unternehmenspersönlichkeit. Es steckt den Rahmen für künftiges Handeln durch einen Katalog ab, der Werte, Bekenntnisse und Kriterien zur Unternehmenspersönlichkeit enthält und Verhaltensnormen setzt.

Das Leitbild legt den Grundstein für das Vermitteln Ihrer Unternehmenspersönlichkeit. Umgekehrt verkörpern sämtliche Unternehmensmerkmale das Leitbild.

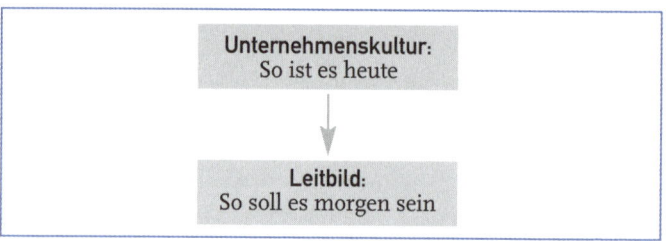

Abb. 8.3: Hier setzt das CIM an: Zusammenhang zwischen Unternehmenskultur und Leitbild

Die Umsetzung des Leitbildes gewährleistet das eindeutige Erkennen und Unterscheiden sowie das Profilieren Ihrer Unternehmenspersönlichkeit nach innen und außen.

Das Leitbild hat folgende Vorteile:

- Es informiert die Beteiligten über Ihre Unternehmenswerte. Es regelt, wie die Beteiligten in Ihrem Unternehmen handeln und welche Prinzipien gelten.

- Die Verantwortlichen können Fehler erkennen und korrigieren. Das Leitbild räumt Unsicherheiten aus, die am optimalen Erfüllen von Aufgaben hindern.
- Das Unternehmensleitbild zeigt jedem Mitarbeiter, wie er durch sein Verhalten zum Erreichen der Unternehmensziele und damit zum Unternehmenserfolg beitragen kann.
- Es ermöglicht, fassbare Vorgaben für die Mitarbeiter abzuleiten, die nicht beliebig sind, sondern aus einem übergeordneten gemeinsamen Selbstverständnis abgeleitet sind.
- Das Unternehmensleitbild wirkt nach außen, indem es die Bezugsgruppen über die Werte und Normen des Unternehmens informiert sowie Aussagen über dessen Wünsche und Erwartungen trifft.

Wenn das Unternehmen als Einheit wirken soll, müssen gemeinsame Spielregeln bekannt sein und eingehalten werden!

„Wissen wir nicht, wer wir sind (was unser Unternehmen ist), dann wissen wir auch nicht, was wir wollen – und was nicht.

Wissen wir jedoch, wer wir sind, was wir wollen (unsere Identität) – und warum oder warum nicht, dann sind wir unser selbst sicher. Also fühlen wir uns selbst sicher. Also entscheiden wir sicher.

Sind wir uns unserer Identität gewiss, dann sind wir auch sicher bezüglich unserer eigenen Prioritäten, Risiken und Chancen. Dann gestalten wir unsere eigene Gegenwart und Zukunft und die unserer Unternehmen.

Und mit unserer Identität treiben wir Identitäts-Marketing: Wir schaffen unsere ureigenen Märkte – indem wir uns unverwechselbar, einmalig zu erkennen geben – und auch so erkannt werden können. Unser Markt entsteht, indem wir uns auf den Markt ausrichten, der uns anspricht.

Ob wir unserer eigenen Identitätsstrategie gemäß handeln, ist keine Frage vermeintlich wissenschaftlicher Theorien: Entweder wir tun es – oder wir leben ein verfehltes Leben oder wir schaffen verfehlte Unternehmen."

Abb. 8.4: Bedeutung des Leitbildes

(C.P. Seibt in: Marketing Journal, Hamburg, Heft 1/78, Seite 6)

Das klassische Leitbild besteht aus den Elementen:

- **Leitidee:** Sie nennt den Sinn Ihres Unternehmens und vermittelt jene Vision, wie Sie aktuelle und künftige Probleme lösen oder dazu beitragen wollen.
- **Leitsätze:** Dies sind Kernaussagen, die grundlegende Werte, Ziele und Erfolgskriterien festlegen. Sie bestimmen das Verhältnis Ihres Unternehmens zu zentralen Bezugsgruppen wie Mitarbeitern, Kunden, Aktionären, Medien. Die Leitsätze formulieren die spezifische Kompetenz Ihres Unternehmens, seine Leistungsfähigkeit und die Wettbewerbsvorteile.
- **Motto:** Dieses fasst alles in einem kurzen, prägnanten Slogan zusammen.

Diese Elemente gehören seit vielen Jahren zu den etablierten Kernelementen des CIM. Mittlerweile jedoch zeigen sich Formulierungs- und Umsetzungsprobleme, zum Beispiel:

- Die Formulierungen im Leitbild sind meist zu abstrakt.
- Begriffe wie Vision, Mission sind zu häufig verwendet, sie aktivieren nicht mehr.
- Unklar ist, warum das Unternehmen das Leitbild umsetzen kann.
- Leitbilder vernachlässigen oft wichtige Aspekte, wie zum Beispiel die Beziehungen des Unternehmens oder den Nutzen für die Bezugsgruppen.

Hinzu kommen Erkenntnisse aus Forschung und Praxis, die unbedingt in die Gestaltung des Leitbildes einfließen sollten, vor allem:

- **Begrenzte Aufmerksamkeit:** Informationen nehmen wir nur dann auf, wenn sie für uns bedeutend sind. Konsequenz: Die Unternehmenspersönlichkeit sollte für die internen und externen Bezugsgruppen bedeutend sein, um deren Aufmerksamkeit zu gewinnen und langfristig behalten zu werden.
- **Motive für Handeln:** Menschen handeln nur dann, wenn es für sie belohnend ist, wenn es sie also vor Gefahren, Schaden und Unwohlsein bewahrt oder zum Wohlbefinden beiträgt.

- Einzigartig gutes Gefühl: Wir wollen uns gut mit einem Unternehmen fühlen. Die Unternehmenspersönlichkeit sollte den Bezugsgruppen ein einzigartig belohnendes Gefühl vermitteln, also: Warum fühlst Du Dich mit meinem Unternehmen am wohlsten? Falls ich dies nicht versprechen und einlösen kann, könnten die Bezugsgruppen ein anderes Unternehmen unterstützen, dass ihnen dies mehr bietet.
- Rationale Argumente: Wir wollen aber auch rationale Gründe kennen und überzeugt sein, warum wir ein Unternehmen durch unser Handeln unterstützen sollten.

Als Konsequenz aus den Erfahrungen mit der Umsetzung von Leitbildern und den Erkenntnissen der Forschung können Sie als übergeordnete Grundlagen das Belohnungsversprechen Ihres Unternehmens formulieren. Überdies entwickeln Sie Begründungen, warum Sie dieses Belohnungsversprechen einzigartig erfüllen können. Belohnungsversprechen und Begründungen vermitteln Sie durch die CI-Instrumente.

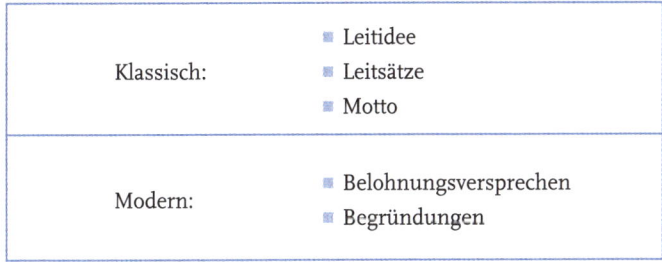

Abb. 8.5: Das klassische und das moderne Verständnis des Leitbildes

Klassisch: Leitidee, Leitsätze und Motto 8.2.1

Die Leitidee
Vielen Firmengründungen liegt eine Leitidee zugrunde, auch Vision, Mission (Auftrag) genannt. Sie enthält den langfristigen und deutlich wahrnehmbaren Nutzen des Unternehmens für seine Be-

zugsgruppen, der auf seiner Kompetenz basiert. Management-papst Peter Drucker drückt dies so aus: „Was zum Erfolg führt, ist immer dasselbe: Eine konzeptionelle unternehmerische Idee. Das heißt eine Idee von dem, was die Verbraucher wollen. Jeder der großen Unternehmensgründer hatte eine leitende und übergeord-nete Idee, welche sie ihren Entscheidungen und Handlungen zu-grunde legten."

Rudolf Diesel hatte die Idee zu einem selbst zündenden Wärme-motor, der die Dampfmaschine ablöste. Hayek und Thomke kam inmitten der Talfahrt der schweizerischen Uhrenindustrie der Ein-fall, eine modische Plastikuhr zu günstigem Preis anzubieten – die Swatch war geboren. „Damit vieles im Leben leichter wird", hieß es bei Beiersdorf. Das Ergebnis: Tesafilm, Leukoplast und Hansa-plast. Miele will „der Hausfrau durch immer bessere Maschinen und immer bessere Technik die Arbeit im Haushalt immer leichter machen und so ihre Lebensqualität erhöhen". Fast jeder Verein, jeder Verband beginnt mit einer Idee – sei es, Tiere zu schützen, sportliche Höchstleistungen aufzustellen oder die Musik zu för-dern.

Ihre Leitidee drückt den Sinn Ihres Unternehmens aus, also den Nutzen für Ihre Kunden, für den Markt und die Gesellschaft. Sie begründet, warum Ihr Unternehmen besteht, sie ist dessen Le-gitimation.

Wen interessieren nackte Zahlen und Fakten nach dem Motto: „Wir sind ein Unternehmen mit 300 Beschäftigten, das einen Um-satz von 30 Millionen Euro erzielt"? Stattdessen wollen Menschen wissen, mit wem sie es zu tun haben und welchen Beitrag das Un-ternehmen für die Gesellschaft oder die Gesamtwirtschaft leistet. Dies kommt in vielen Leitbildern zu kurz. Stattdessen wird der Zweck des Unternehmens ausgedrückt – also das, was die Aktivitä-ten dem Unternehmen selbst bringen.

Ein Beispiel: Der Zweck eines Unternehmens wäre: „Wir sind ein Hersteller von Sportartikeln".

Ein Sinn wäre: „Wir wollen den Menschen helfen, die größte Erfüllung im Sport zu finden, indem wir ihnen die besten Produk-te in Hinsicht auf Funktion, Aussehen, Qualität und Komfort zur Verfügung stellen." (adidas)

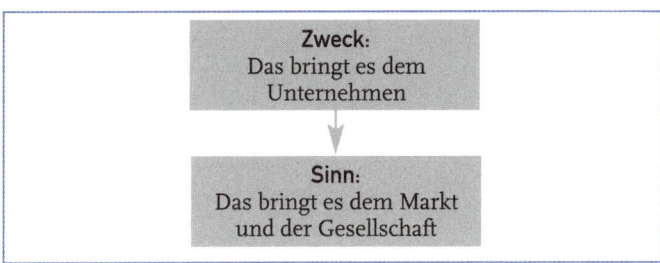

Abb. 8.6: Der Unterschied zwischen Zweck und Sinn

Die Leitsätze

Leitsätze sind Kernaussagen für das Unternehmen, die grundlegende Werte, Ziele und Erfolgskriterien festlegen. Sie bestimmen das Verhältnis des Unternehmens zu zentralen Bezugsgruppen wie Mitarbeitern und Marktpartnern. Die Leitsätze formulieren die spezifische Kompetenz des Unternehmens, seine Leistungsfähigkeit, die Wettbewerbsvorteile und sie erläutern, wie die Leitidee umgesetzt wird.

► **Visionen liegen weit weg und machen es leicht, beim Alten zu bleiben. Die Leitidee wird daher in Leitsätzen konkretisiert, damit sie alle Beteiligten in Handeln umsetzen können.**

Wichtig zu wissen: Leitsätze sind allgemein gehalten, damit sie auf alle Bereiche des Unternehmens zutreffen. Nach Bekanntgabe der Leitsätze konkretisieren diese die einzelnen Bereiche und Ressorts in Handlungsrichtlinien, so zum Beispiel in Leitsätze für Forschung, Umweltschutz oder Führung. Sie sind so formuliert, dass erwartetes Handeln erkennbar ist, dessen Einhaltung kontrolliert und sanktioniert werden kann.

► **Aus den Leitsätzen leiten Sie konkrete Richtlinien für das Handeln ab, das das Erreichen Ihrer Unternehmensziele unterstützt.**

Dieser Prozess des Ableitens von konkreten Handlungsanweisungen aus den Unternehmensleitsätzen ist erst in wenigen Unternehmen gelungen und als Prozess fest etabliert. Oft gibt es zwar

Leitsätze, doch weiß kein Mitarbeiter, wie er zu deren Umsetzung beitragen kann. Die Folge ist, dass das Unternehmen nicht gemäß seiner gemeinsamen Vereinbarungen, nichts anderes sind Unternehmensleitsätze, handelt.

Ein anderes Problem ist, dass Unternehmensleitsätze nicht umgesetzt werden, weil diese mit unbequemen Verhaltensänderungen verbunden sind. Die Erfahrung zeigt, dass Sie die Umsetzung der Unternehmensleitsätze deshalb in der Mitarbeiterbewertung verankern sollten, damit das Umsetzen für den Mitarbeiter Konsequenzen hat.

Sie sollten das Umsetzen der Unternehmensleitsätze belohnen.

Das Motto

Leitidee und Leitsätze sind meist zu lang, um sie sich merken zu können. Das Motto fasst zusammen, welche zentrale Aussage sich bei den Bezugsgruppen einprägen soll.

Formulieren Sie ein Motto, das kurz ist, prägnant, leicht zu merken und das sich von anderen Unternehmen unterscheidet. Dies erleichtert das Lernen Ihrer Unternehmenspersönlichkeit.

Weitere Beispiele: „Freude am Fahren" und „Ihr guter Stern auf allen Straßen". Ein schwaches Motto ist „Kommunikation ist alles", weil es austauschbar ist und weder rational noch emotional anspricht. Ebenso ungenau ist „Das Tor zur mobilen Welt". Schwer auszusprechen und zu merken ist „Hier findet Erstklassigkeit zueinander".

Prüfen Sie, ob das Motto fremdsprachlich sein muss: Viele verstehen dies nicht, außerdem löst es kaum Gefühle aus.

- Formulieren Sie eine Leitidee, die den Sinn Ihres Unternehmens ausdrückt.

- Formulieren Sie, was erforderlich ist, dieses Leitbild zu leben.

- Entwickeln Sie ein Motto, das den Kern Ihrer Unternehmenspersönlichkeit auf den Punkt bringt.

Neu: Belohnungsversprechen und Begründungen   8.2.2

Das Belohnungsversprechen ist jenes einzigartige belohnende Gefühl, das die internen und externen Bezugsgruppen erleben, wenn sie das Anliegen des Unternehmens unterstützen. Dieses Versprechen ist für diese Bezugsgruppen wie Kunden, Geldgeber und Journalisten bedeutend und belohnend. Das Belohnungsversprechen ist Kern des Unternehmensleitbildes. Das Unternehmensleitbild zeigt, was das Denken und Handeln Ihres Unternehmens leitet und wie es sich langfristig entwickeln wird (Herbst, 2004).

Die Kernfragen des Belohnungsversprechens lauten:
- Was kann ich vom Unternehmen und seinen Leistungen erwarten?
- Was kann ich nicht erwarten?
- Wie werde ich mich fühlen, wenn ich die Leistungen des Unternehmens in Anspruch nehme?
- Wie werde ich auf andere wirken?

Die Kaffeekette Starbucks kommuniziert: „Wir bereisen die ganze Welt, um Ihnen den besten Kaffee zu bringen." Hierüber kann das Unternehmen Geschichten erzählen. Andere Unternehmen sind international tätig, um ihre Kunden noch erfolgreicher zu machen (Deutsche Bank) oder ihnen neue Anregungen zu bieten (Pro Idee). Das Belohnungsversprechen lässt sich sogar in einem Begriff zusammenfassen: Im Fall von Starbucks wäre dies Kurzurlaub, im Fall von Apple wäre es Individualität.

Aus PR-Sicht zwingt die Formulierung eines Belohnungsversprechens den PR-Verantwortlichen, in den Motiven seiner Bezugsgruppen zu denken und die einzigartige Befriedigung dieses
Bedürfnisses zu versprechen. Für die interne Koordination aller
Beteiligter ist das Belohnungsversprechen sinnvoll, weil es die
Klammer über allen Aktivitäten bildet – alle haben die Aufgabe,
den Bezugsgruppen ihr Belohnungsversprechen zu erfüllen.

Das Belohnungsversprechen besteht aus einem Satz. Dieser Satz
enthält folgende Aussagen:

- „Wir sind ...“: Wenn wir ein Unternehmen kennen lernen,
  fragen wir uns, mit wem wir es zu tun haben: Mit einem
  Pharmaunternehmen? Mit einem Schnapsproduzenten?
  Mit einem Non-Profit-Unternehmen? Hier könnten Sie
  auch Rollen aufführen, wie zum Beispiel den Experten oder
  den Freund.
- „... die / der Dir ...“: Was tun Sie für die Bezugsgruppen?
  Welche Leistungen erbringen Sie?
- „... damit Du ...“: Was ist die Belohnung aus Ihrer Tätigkeit
  für die Menschen? Welches einzigartige und besonders
  belohnende Gefühl haben sie, wenn Sie das Erreichen Ihrer
  Unternehmensziele unterstützen?

Als Modell und Instrument zur Formulierung des Belohnungsversprechens haben Sie die Transaktionsanalyse (siehe Kap. 5.2) kennen gelernt.

Hier einige Beispiele:

- Konsumgüter: „Wir sind dein Navigator durch die Welt der
  xy, der dir die aktuellen Trends und Insights an die Hand
  gibt, damit du dich zurücklehnen und auf höchstem Niveau
  genießen kannst.“
- Dienstleister: „Die xy ist der führende Experte für das international ausgerichtete Wirtschafts-Hochschulstudium neben dem Beruf. Sie vermittelt herausragende Fach-, Metho-
  den- und Sozialkompetenz und hilft damit auf dem Weg zu
  beruflichem Erfolg.“

- Verband: „Wir sind der führende, unabhängige Experte für xy, der als starke Gemeinschaft deine Interessen unterstützt, damit du deine Fähigkeiten besser nutzen kannst."
- Hersteller für Investitionsgüter: „We are the leading expert in xy, helping customers with very best automation solutions to be superior to their competitors."
- Gesundheit: „Wir sind Experten in Schmerztherapie, die durch neuartige Medikamente helfen, selbstbestimmt zu leben."
- Medien: „Ich bin dein Radioprofi, der dich wie ein Freund mit Information und Unterhaltung in deinem Leben begleitet, damit du dich sicher, leicht und angeregt fühlst."

Die Erfolgsfaktoren

Die Erfolgsfaktoren begründen, warum das Unternehmen sein Belohnungsversprechen einzigartig erfüllen kann. Es reicht mit Blick auf das Gehirn nicht aus, wenn ein Unternehmen behauptet, es sei kompetent, weil dies ungenau ist und weil es jeder behauptet. Stattdessen sollte das Unternehmen lebendig und deutlich wahrnehmbar vermitteln, was es unter diesem Begriff versteht, wie sich seine Kompetenz zeigt und wie es diese weiterentwickelt, damit sich die Bezugsgruppen ein klares Vorstellungsbild davon machen können: Hat es lange Erfahrung im Markt? Beherrscht es bestimmte Arbeitstechniken? Fühlen sich die Menschen wohl? Worin zeigt sich, dass das Unternehmen besonders gut auf seine Mitarbeiter eingehen kann: Spricht die Firmenleitung regelmäßig mit ihnen? Hat sie stets eine offene Tür für sie? Holt sie sich deren kritisches Feedback ein?

Einige Beispiele:

Belohnungsversprechen	Begründung
Wir sind ein führender Experte ...	- Wir sind weltweit Marktführer, wir arbeiten für Weltkonzerne. - Durch unser umfassendes Qualitätssicherungsprogramm sind wir Qualitätsführer.

	▪ Durch unsere vielfältigen Leistungen sind wir Serviceführer.
	▪ Durch die Nähe, Menschen und Produkte sind wir immer und überall verfügbar, du bekommst das Produkt, das du brauchst und du bekommst es überall.
	▪ Durch unsere aufeinander abgestimmten Produkte sind unsere Lösungen zuverlässig.
	▪ Uns gibt es schon lange auf dem Markt.
... der seinen Kunden durch Weiterentwicklungen auf höchstem technischem Niveau hilft ...	▪ Durch eigene F & E sind wir Technologieführer, unsere Weiterentwicklungen sind auf höchstem Niveau.
... im Wettbewerb überlegen zu sein!	▪ Durch unsere Produkte sparen Sie Geld, die Qualität steigt, Prozesse werden schneller. ▪ Sie können sich überlegen fühlen, weil Sie mit dem Marktführer weltweit arbeiten.

Meist sind diese Erfolgsfaktoren auszumachen:

▪ Mitarbeiter: Sie setzen sich mit allen Kräften dafür ein, das Belohnungsversprechen zu erfüllen, zum Beispiel, indem sie noch bessere Produkte schaffen, neue Ideen suchen, nah am Kunden sind und hohe Leistung bringen.

▪ Wissen: Wo entsteht Wissen? Wie verbreiten die Mitarbeiter Ihr Wissen, damit es alle nutzen können? Wo suchen Sie die Unterstützung von Experten? Wo trennen Sie sich von Wissen, das nicht mehr zeitgemäß ist?

▪ Herstellverfahren oder Zutaten: Spielt der Ort der Herstellung eine Rolle für das Belohnungsversprechen? Baut das Unternehmen Rohstoffe unter besonderen lokalen Bedingungen an, zum Beispiel unter besonderen klimatischen Verhältnissen?

▪ Netzwerke: Wo kooperiert das Unternehmen mit anderen? Wie arbeitet das Unternehmen mit diesen Experten? Wie setzen sie gemeinsam das Belohnungsversprechen um?

Neben dem Belohnungsversprechen und den Erfolgsfaktoren ist die Haltung maßgebend, aus der heraus das Unternehmen mit seinen Bezugsgruppen spricht (siehe Kap. 5).

Instrumente

Ihre starke Unternehmenspersönlichkeit präsentieren Sie durchgängig in sämtlichen Kontakten mit Ihren Bezugsgruppen – also in Design, Kommunikation und Verhalten. Stets erkennen die Bezugsgruppen Ihre starke und einzigartige Unternehmenspersönlichkeit.

Design, Kommunikation und Verhalten stellen einen Mix dar, der ein firmenspezifisches unverwechselbares Vorstellungsbild von Ihrem Unternehmen schafft: das Corporate Image. Nur der abgestimmte und strategisch ausgerichtete Einsatz aller Aktivitäten kann das widerspruchsfreie Vermitteln Ihrer Unternehmenspersönlichkeit sicherstellen.

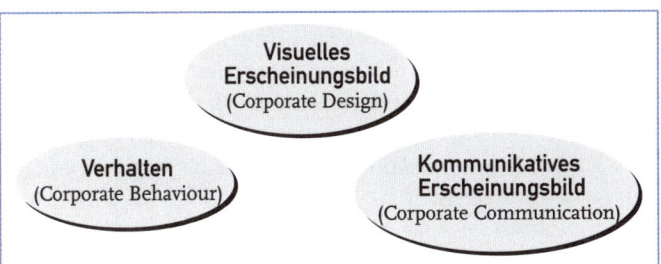

Abb. 8.7: Instrumente des Corporate Identity Management

Insgesamt ergibt sich somit folgender Zusammenhang:

- Die Unternehmenskultur drückt das derzeitige gemeinsame Selbstverständnis über Ihre Unternehmenspersönlichkeit aus.
- Das Leitbild formuliert Ihr angestrebtes Selbstverständnis. Das Leitbild besteht nach traditionellem Verständnis aus der Leitidee, den Leitsätzen und dem Motto. Nach neuem Ver-

ständnis besteht es aus dem Belohnungsversprechen und den Begründungen.

- Die CIM-Instrumente vermitteln Ihr angestrebtes Selbstverständnis in Design, Kommunikation und Verhalten.
- Das Image entsteht als Ergebnis der Vermittlung der Unternehmenspersönlichkeit bei den internen und externen Bezugsgruppen des Unternehmens.

8.3.1 Corporate Design

Sehen

Das klassische Verständnis des Corporate Design zielt vor allem auf das Vermitteln der Unternehmenspersönlichkeit durch das visuelle Erscheinungsbild. Die zunehmende Bedeutung der Gefühlswelt der Bezugsgruppen sollte dazu führen, dass Ihr CIM alle Sinne anspricht, um die Unternehmenspersönlichkeit zu vermitteln.

Die Ansprache aller Sinne ist wirksamer als die Ansprache nur eines Sinns: Gelangen Reize über das Unternehmen über alle fünf Sinne in unser Gehirn, hat dies die zehnfache Wirkung. Forscher nennen dies „multisensory enhancement" (siehe hierzu auch Kap. 4.4). Überdies ermöglicht Ihnen die multisensorische Vermittlung Ihrer Unternehmenspersönlichkeit, sich von anderen Unternehmen zu unterscheiden.

Das menschliche Auge hat sich zum wichtigsten Sinn entwickelt: Der Mensch nimmt drei Viertel seiner Sinneseindrücke über das Auge auf. Diese Vorherrschaft des Auges mit ihren Chancen, aber auch Grenzen, schlägt sich in der Sprache nieder – vor allem in Sprichwörtern, Redewendungen und allgemein üblichen Metaphern, wie die vom „Auge, das einem übergeht".

Das Corporate Design (CD) vermittelt deshalb Ihre Unternehmenspersönlichkeit durch ein einheitliches Erscheinungsbild: Eine konservative Firma realisiert ihre Geschäftspapiere, Geschäftsberichte, Anzeigen und Werbespots mit eher konservativen Stilmitteln. Ein modernes Unternehmen signalisiert dies durch den Einsatz fortschrittlicher Gestaltungskomponenten und -prinzipien wie zukunftsweisende Logo-Formate, progressive Schriften und eine ungewöhnliche Architektur.

Das Corporate Design wird geprägt von Gestaltungskonstanten wie der Bilderwelt des Unternehmens (Corporate Imagery), dem Logo, den Hausfarben, der Hausschrift, der typographisch gestalteten Form des Slogans, den Gestaltungsrastern und den stilistischen Sollvorgaben für Abbildungen, Fotos und andere Illustrationselemente.

Diese Konstanten bestimmen das Design aller visuellen Äußerungen des Unternehmens: der Produkte und ihrer Verpackung, der Kommunikationsmittel, der Architektur und weiterer Sonderbereiche wie des Fotodesigns, der Beschilderung, der Gebäudebeschriftung und mitunter sogar der Arbeitskleidung.

Viele Aktivitäten des CIM sind auf das Design konzentriert – irrigerweise werden oft sogar beide Begriffe gleichgesetzt. Nicht ohne Grund: Corporate Design lässt sich ohne viel Aufhebens an Externe delegieren und Erfolge zeigen sich schnell; personelle Konsequenzen oder organisatorische Änderungen sind kaum zu erwarten. Jedoch: Corporate Design transportiert die Unternehmensidentität, aber sie schafft sie nicht.

 Corporate Design ist Form, aber kein Inhalt.

Eine Flagge ist nur Symbol der Identität einer Stadt, eines Landes oder einer Nationalität. Nicht der Stern macht Mercedes berühmt, sondern Mercedes macht den Stern berühmt.

Corporate Design ist visuelles Konzentrat eines inhaltlichen Konzeptes, einer Weltanschauung, eines gesellschaftlichen Auftrages, eines Parteiprogramms, einer religiösen Glaubensrichtung, eines sozialen Entwurfs, eines Unternehmensleitbildes, kurzum: eines formulierten Selbstverständnisses – egal, ob es sich um Unternehmen, Institutionen, Kirchen, Parteien, Städte, Messen und Kongresse handelt. Um ein einheitliches Design zu gewährleisten, müssen Gestaltungsrichtlinien aufgestellt und eingehalten werden. Solche Richtlinien werden in einem Design-Manual veröffentlicht, das es meist auf CD-ROM und im Intranet gibt.

Das Erscheinungsbild sollte dem Selbstverständnis Ihres Unternehmens dauerhaft entsprechen. Es darf aber nicht erstarren, sondern es sollte sich mit Ihrem Unternehmen, seinem Leitbild und langfristig in gewissem Maß auch mit dem allgemeinen ästhetischen Zeitgefühl entwickeln.

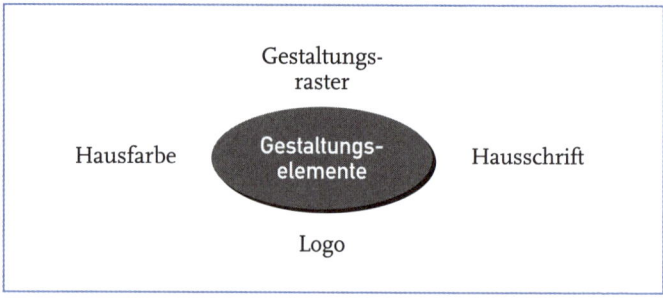

Abb. 8.8: Gestaltungselemente

Das Corporate Design umfasst die Bilderwelt des Unternehmens, Logo, Hausfarbe, Hausschrift und Gestaltungsraster, die als einheitliche Konstanten dem Erkennen und Unterscheiden des Unternehmens dienen.

- Bilderwelt: Die Bilderwelt Ihres Unternehmens zeigt Ihre Unternehmenspersönlichkeit systematisch und langfristig mit dem Ziel, dass Ihre Bezugsgruppen ein klares, einzigartiges und attraktives visuelles Bild mit Ihrem Unternehmen verbinden (siehe ausführlich Kap. 4.5).
- Logo: Das Unternehmenszeichen, auch Logo genannt, soll folgende Eigenschaften erfüllen: Es weckt Aufmerksamkeit und hat Signalwirkung; es informiert und hat Erinnerungswert; es hat einen ästhetischen Wert, der eigenständig und langlebig ist; es integriert, es kann variiert und auf vielfältigsten Vorlagen angebracht werden.
- Hausfarbe: Die Hausfarbe ist ein weiteres wichtiges, weil sehr unmittelbar einprägsames Erkennungs- und Unterscheidungsmerkmal: Shell hat gelb gewählt, blau ist Aral, rot signalisiert Ferrari. Weißblau steht für BMW, durch die rotgelbe Farbe ist der Drive Inn von McDonald's schon von ferne zu erkennen.
- Schriften: Hausschriften drücken ebenfalls Selbstverständnis aus: Fortschrittliche Unternehmen zeigen auch hier

Fortschritt und verwenden keine klassisch konservativen Schriften wie Helvetica oder Times, sondern Meta oder Thesis. Und dennoch gilt: Die Hausschrift sollte möglichst zeitlos sein und keinem kurzfristigen Modetrend folgen!

- Gestaltungsraster: Durch Gestaltungsraster werden Komponenten eines Entwurfes, das sind Unternehmenszeichen und andere Gestaltungskonstanten, Texte und Abbildungen, in ein einheitliches feststehendes Ordnungssystem eingebunden. Auch dies ist ein sehr wichtiger Faktor der Erkennbarkeit des Unternehmensauftritts, der darüber hinaus den Entwurf und die Realisierungsarbeiten vereinfacht.

Einsatz der Gestaltungskonstanten

Die konstanten Gestaltungselemente werden im Produktdesign, dem Kommunikationsdesign sowie dem Architekturdesign eingesetzt.

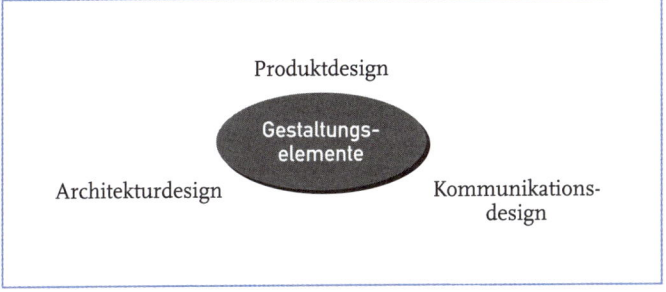

Abb. 8.9: Einsatzgebiete der Gestaltungselemente

- Produktdesign: Das Produktdesign ist die äußere Gestaltung des Produktes. Ein Produktdesign sagt auch etwas über den Hersteller aus. So kann die Unternehmensführung das Produktdesign als Instrument der Darstellung ihres Leitbildes nutzen. Paradebeispiel ist Bang & Olufsen, die ihre Position gegenüber der Konkurrenz wesentlich dem Design ihrer Produkte verdanken. Weitere bekannte Beispiele sind Vitra, Erco und Bulthaup. Die Produkte von Braun stehen mittlerweile im New Yorker Museum of Modern Art.

- Kommunikationsdesign: Das Kommunikationsdesign umfasst zum Beispiel das Printmediendesign, das Fotodesign, das Messedesign, das Bekleidungsdesign, das Design für audiovisuelle Medien wie Videos, CD-ROM sowie das Internet-Design.

- Architekturdesign: Wirken die Gebäude wie durcheinander gewürfelt oder verfolgen sie einen einheitlichen Stil! Büroausstattung und Bürogröße signalisieren die Bedeutung von Mitarbeitern und -gruppen: In manchen Unternehmen lässt sich der Rang eines Mitarbeiters sofort an solchen Statussymbolen ablesen, auch wenn diese Form der Rangzuordnung nicht zuletzt durch flachere Hierarchien und den mobilen Arbeitsplatz an Bedeutung verloren hat.

Abb. 8.10: Architektur von Vitra als Ausdruck der Unternehmenspersönlichkeit

Unternehmen nutzen dies und inszenieren das Sehen ihrer Bezugsgruppen, zum Beispiel durch ausgefallene Lichteffekte auf Modenschauen und das Feuerwerk auf einem Event. Nutzen auch Sie die optimale Gestaltung von Licht für Präsentationen Ihres Unternehmens und seiner Leistungen:

- Lassen Sie Ihr Gebäude interessant anstrahlen: Projizieren Sie Ihr Unternehmenslogo auf den Bürgersteig vor Ihrem Laden.

- Gestalten Sie Räume optisch attraktiver: Stellen Sie interessant beleuchtete Ausstellungskästen mit attraktiven Fotos am Eingang Ihres Unternehmens auf.

- Einige Agenturen bieten computergesteuerte Licht- und Lasershows an, die Produkte herausheben und ins optimale

Licht rücken: Warum lassen Sie also nicht Ihr neuestes
Produkt mit einer computergesteuerten Lasershow an die
Wand projizieren? Warum nicht die hervorstechenden
Merkmale eines Verkaufsschlagers durch optimale Lichtef-
fekte betonen – vielleicht sind es ja die Konturen eines neu-
en Automodells?

- Setzen Sie auch die Möglichkeiten der Holographie und der
  3-D-Gestaltung ein, nach der Sie ein Produkt räumlich erscheinen lassen können. Ihrer Fantasie sind keine Grenzen
  gesetzt.

Einer der wichtigsten Aspekte des Sehens sind Bilderwelten, die
sehr stark wirken.

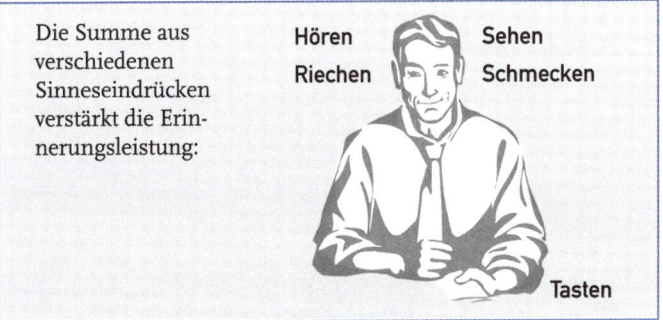

Abb. 8.11: Multimodale Ansprache festigt Sinneseindrücke

Hören

Weit weniger als das Sehen nutzen Unternehmen das Hören ihrer
Bezugsgruppen, um einen nachhaltigen Eindruck zu erzeugen.
Seien Sie einen Schritt voraus: Prüfen Sie, welche Geräusche mit
Ihrem Unternehmen verbunden sein sollen und welche Ihre Un-
ternehmenspersönlichkeit charakterisieren. Setzen Sie diese Ge-
räusche gezielt ein. Ergebnis ist Ihr wirkungsvolles Akustik Design
(„Acoustic Design").

Hier einige Beispiele:

- Das eigens für Ihr Unternehmen komponierte Lied können
  Sie vielfältig einsetzen, zum Beispiel für die Telefonschleife

und auf Messen; ein Beispiel ist der Corporate Song von Henkel, den Sie sich im Internet in vielen Sprachen anhören können.

■ Schaffen Sie akustische Szenen, indem Sie Geräusche kombinieren und auf Events gezielt einsetzen.

■ Ein Akustiklogo ermöglicht schnelles Erkennen und die lebendige Erinnerung an Ihr Unternehmen, wie Sie es von Akustikbildern in der Werbung kennen.

Beachten Sie beim Einsatz die Akustikgesetze, wie das Gesetz der Ähnlichkeit von Tönen, die als zusammengehörig wahrgenommen werden oder das Gesetz der guten Verlaufsgestalt von Tönen bzw. das Gesetz der Erfahrung und das Gesetz des Gedächtnisschemas für Melodien.

Riechen und Schmecken

Welches Unternehmen verbinden Sie spontan mit einem bestimmten, angenehmen Geruch? Und mit einem einzigartigen Geschmack? Wenn die Gefühlswelt Ihrer Bezugsgruppen immer wichtiger wird, sollten Sie auch diese Sinne in Ihrem CIM berücksichtigen.

Drücken Sie Ihre Unternehmenspersönlichkeit durch einen spezifischen Geruch aus! Geruchssinn und Geschmackssinn werden als starke emotionale Torwächter des Körpers bezeichnet.

Diese Torwächter dienen dazu, Substanzen zu erkennen und dem Hirn zu melden, die vorteilhaft oder nachteilig für den Körper sind: Gefährliche Stoffe schmecken und riechen oft unangenehm, nützliche Dinge riechen oft angenehm.

Duftbilder werden im Marketing schon sehr wirkungsvoll eingesetzt. Dagegen sind Unternehmen bisher kaum mit bestimmten angenehmen Gerüchen verbunden.

Einige Beispiele für deren Anwendung:

■ Ein Hotel verströmt angenehme Düfte – schon an der Rezeption kann der Gast erfahren, was er in welchen Räumen riechen kann.

- In alten Wiener Kaffeehäusern werden die Dielenböden morgens vor Geschäftsöffnung mit frisch gemahlenem Kaffee bestreut, der mit dem Besen in die Ritzen gekehrt wird. So wird schon der erste Gast am Morgen mit dem wohligen Aroma frischen Kaffees empfangen.
- Neue Zerstäubertechniken, kombiniert mit raffinierten Luftbefeuchtern und Klimaanlagen bringen dezente natürlich anmutende Düfte in Wohnungen, öffentliche Gebäude, Büros und Supermärkte. Manche Düfte wirken anregend, andere entspannend.

Ihnen stehen viele weitere Möglichkeiten offen für den Einsatz von Düften zur Vermittlung Ihrer Unternehmenspersönlichkeit – angefangen vom Eau de Toilette der Mitarbeiter und Kundenberater, Duft auf Messeständen, in Besprechungsräumen bis hin zu duftenden Broschüren und Geschenkartikeln.

Tasten

Wie fühlt sich Ihr Unternehmen an? Ist diese Frage nicht erforderlich, um Veranstaltungen wie Events und Tage der offenen Tür zu organisieren? Reize, die durch Tasten entstehen, sind zum Beispiel Druck, Wärme, Kälte, Hautdehnung/Gelenkdehnung, Stellung der Gliedmaßen, Schmerz, Temperatur oder Vibration. Welcher dieser Reize passt zu Ihrem Unternehmen?

Im Marketing vieler Markenprodukte wird deren Wirkung auf die Hautwahrnehmung bedacht; sicherlich im Fall von Hautcremes, aber auch bei Zahnbürsten, Gebrauchsgegenständen, Kleidung. Durch Tasten erfährt der Konsument viel über die Beschaffenheit des Gegenstands – ob er rau, glatt, heiß, kalt, rund, eckig, weich, hart, groß, klein, ist etc.

Hier einige Beispiele, wie Sie den Tastsinn Ihrer Bezugsgruppen im Rahmen Ihres CIM ansprechen können:

- Material Ihrer Kommunikationsmittel, wie Visitenkarten, Broschüren.
- Geschenkartikel, die danach ausgesucht werden, wie sie sich anfühlen (rund, eckig, weich, hart etc.)
- Möbel: In welchen Möbeln sitzt der Besucher?

Reflexion

- Wie würde Ihr Unternehmen schmecken, wenn es ein Gericht wäre?

- Wenn Ihr Unternehmen eine Person wäre: Welche Musik würde sie am liebsten hören? Welcher bekannte Musiker wäre es?

- Wie würde Ihr Unternehmen riechen? Wenn es eine Blume wäre? Wenn es ein Parfüm wäre? Wenn es ein italienisches Gericht wäre? Wenn es ein Getränk wäre?

- Wie würde sich Ihr Unternehmen anfühlen: Wenn es aus Stoff wäre?

8.3.2 Corporate Communication

Die Corporate Communication umfasst sämtliche Kommunikationsinstrumente des Unternehmens: Werbung, Verkaufsförderung und Public Relations. Für ein starkes und widerspruchsfreies Image entscheidend ist das strategische Gesamtkonzept, das aus dem Leitbild und den Unternehmenszielen abgeleitet ist.

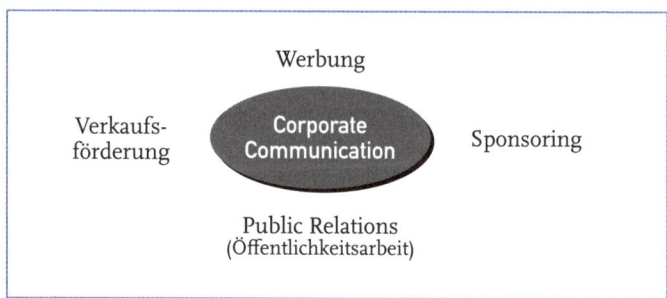

Abb. 8.12: Die Instrumente der Corporate Communication

- Werbung: Werbung orientiert sich am Produkt oder der Dienstleistung und ist markt- oder umsatzbezogen. Sie gestaltet Markenbekanntheit und Markenimage mit dem

Ziel, den Konsumenten zum Kauf zu bewegen und ihn langfristig zufrieden zu stellen. Hierfür stehen Werbemittel zur Verfügung wie Anzeige, Funkspot, TV-Spot, Kinospot, Plakat, Prospekt etc. Für diese Werbemittel werden Werbeträger gebucht wie Zeitschriften, Zeitungen, Funk, Fernsehen, Kino, Plakatwände, Litfaßsäulen, Multimedia etc. Produktwerbung kann so konzipiert sein, dass Verbindungen zum Hersteller leichter möglich sind. Auf diese Weise können die Produkte und Dienstleistungen von der Bekanntheit und der Kompetenz des Unternehmens profitieren. Konstant eingesetzte Gestaltungsmerkmale des Corporate Designs, also Logo, Typografie, Farbe und der koordinierte formale Umgang mit ihnen unterstützen das Erkennen. Ein positives Produkt- oder Unternehmensimage kann neue Produkte stützen und ihnen zum Markterfolg verhelfen. Die Unternehmenspersönlichkeit trägt somit bei, den Markenwert zu erhöhen.

■ Verkaufsförderung: Durch Verkaufsförderung unterstützt das Unternehmen den Handel und andere Wiederverkäufer – sachlich, personell und organisatorisch. Sie richtet sich an Absatzmittler wie Handel und Verkaufsorgane der Produzenten sowie Außendienst und Endverbraucher. Ziel ist, die Werbebotschaft an den Verkaufsort heranzutragen, um so den gesamten Warenweg lückenlos zu erfassen, das Angebot am Verkaufsort zu aktualisieren, Spontankäufe zu initiieren und bestehende Kaufabsichten zu ändern und den Absatz zu erhöhen, zum Beispiel durch Preisausschreiben, Prämien, Wettbewerbe etc. Typische Aktionsmittel sind Displays (Aufsteller), Prospekte für Preisausschreiben, Zweit- und Sonderplatzierungen, Preisnachlässe in Verbindung mit Sonderpackungen, Packungen mit dekorativem Zusatznutzen, Gratisproben, Gewinnspiele, die auch in Werbemedien und Fachmedien veröffentlicht werden. Auch hier fällt es dem Unternehmen mit eindeutigem Profil und unverwechselbaren Leistungen leichter, den Handel beim Verkaufen zu unterstützen, da sich die Kunden gezielter entscheiden. Es kann sogar Druck auf den Handel entstehen, Produkte eines Unternehmens in das Sortiment aufzunehmen, wenn Kunden diese stark nachfragen (Pull-Strategie).

- Public Relations: Public Relations sind das Management der Kommunikation des Unternehmens mit seinen wichtigen Bezugsgruppen aus Unternehmen, Markt und Gesellschaft mit dem Ziel, das Unternehmen bekannt zu machen und ein festgelegtes Vorstellungsbild seiner Unternehmenspersönlichkeit zu erzeugen. Instrumente sind z. B. Presseinformationen, Anzeigen, Broschüren, Filme, audiovisuelle Medien wie CD-ROM und DVD, Veranstaltung von Aktionen und Ereignissen wie Ausstellungen und Kongresse.

Reflexion

- Welche Mittel und Maßnahmen der Kommunikation setzen Sie ein, um Ihre Unternehmenspersönlichkeit wirkungsvoll zu vermitteln?

- Welche dieser Mittel und Maßnahmen drücken am besten Ihre Unternehmenspersönlichkeit aus?

- Welche sind besonders beliebt bei den Bezugsgruppen?

- Wie stellen Sie sicher, dass die Mittel und Maßnahmen aufeinander abgestimmt gestaltet sind (zeitlich, inhaltlich, formal etc.)

8.3.3   Corporate Behaviour

„Taten statt Worte" – was der Volksmund sagt, gilt auch für Ihr Unternehmen: Ihr Selbstverständnis sollten Sie nicht nur zeigen und kommunizieren, sondern Sie sollten es auch leben: Zentraler Bestandteil des Corporate Identity Managements ist das systematische und langfristige Entwickeln des an der Unternehmenspersönlichkeit ausgerichteten Verhaltens der Mitarbeiter: das Corporate Behaviour.

 Ihr Unternehmen wird an dem gemessen, wie es handelt.

Das Verhalten Ihres Unternehmen zeigt sich darin, wie Ihre Mitarbeiter miteinander und mit Externen wie Kunden und Lieferanten umgehen, wie Ihr Unternehmen Konflikte löst, wie es auf Probleme reagiert, wie viel Offenheit und Vertrauen im Umgang mit der Öffentlichkeit vorherrschen sollen. Es geht also vor allem um das

- **Verhalten gegenüber Mitarbeitern:** Wie ist der Führungsstil? Nach welchen Kriterien wird Personal eingestellt und befördert? Wie ist das Verhalten in der Ausbildung? Wie werden Mitarbeiter gefördert? Wie ist das Verhalten in der Lohn- und Gehaltspolitik? Wie sind die Sozialleistungen?
- **Verhalten gegenüber Marktpartnern:** Richtet das Unternehmen sein Produktionsprogramm konsequent an den Kundenbedürfnissen aus? Hält es Qualitätsgrundsätze ein? Gestaltet es seine Preise angemessen und übersichtlich? Sind seine Verkaufspraktiken ehrlich, solide und transparent? Sind Garantie- und Serviceleistungen umfassend? Reguliert es schnell und kulant Reklamationen und Beschwerden? Liefert es zuverlässig und termingerecht?
- **Verhalten gegenüber Aktionären und Geldgebern:** Wie verhält es sich in der Ausschüttung der Dividende? Welche Informationspolitik verfolgt es gegenüber seinen Aktionären und Geldgebern?
- **Verhalten gegenüber Staat, Öffentlichkeit und Umwelt:** Wie kommuniziert das Unternehmen mit gesellschaftlichen Gruppen? Wie verhält es sich gegenüber gesellschaftlichen und kulturellen Interessen, gegenüber ökologischen Problemen, gegenüber dem wissenschaftlich-technologischen Fortschritt und dem sozialen Wandel?

Bei Dienstleistungsunternehmen, zum Beispiel Banken, Versicherungen und Unternehmensberatern, ist das Verhalten der Mitarbeiter besonders wichtig, da es für die Bezugsgruppen aufgrund der Immaterialität der Leistungen keine physischen Wahrnehmungsanker gibt. Weitere Unternehmen, deren Persönlichkeit besonders stark durch das Mitarbeiterverhalten geprägt ist, sind zum Beispiel Restaurantketten, Fluggesellschaften und Verkehrsbetriebe.

Handeln nach den Leitsätzen

Das Verhalten muss schlüssig und stimmig sein; es darf weder in der Produktpolitik noch in der Sozialpolitik, der Finanzpolitik und der Vertriebspolitik von den formulierten und vereinbarten Leitsätzen abweichen. Was nutzen die originellste Erscheinung und die vollmundigsten Versprechungen der Kommunikation, wenn das Handeln nicht stimmt.

Sie vermitteln optimal Ihre Unternehmenspersönlichkeit durch den abgestimmten Einsatz von Design, Kommunikation und Verhalten.

Ist das Vorgehen nicht abgestimmt, kann es zu folgenden Situationen kommen:

- Das Firmendesign präsentiert ein schillerndes, kreatives Unternehmen. Tatsächlich verhindern Bürokratie und autoritärer Führungsstil die Eigeninitiative der Mitarbeiter.
- Den Aktionären gegenüber betont das Unternehmen seine Innovationskraft. Tatsächlich aber befinden sich keine Produkte in der „Pipeline", weil die Entscheidungs- und Budgetprozesse bürokratisch und langatmig sind.
- In seiner Werbung stellt sich das Unternehmen als flexibel dar, das spontan auf Kundenwünsche reagiert; in der Praxis jedoch weigert sich der Kundendienst beim Aufbau einer Anlage eine Zusatzeinrichtung einzubauen, weil ihm diese Zeit von seiner Mittagspause abgeht.
- In den Stellenanzeigen stellt sich das Unternehmen als attraktiver Arbeitgeber dar, der seine Mitarbeitenden fördert und ihnen viel Mitsprache und Freiräume einräumt; doch schon in seiner Einarbeitungszeit erkennt der neue Stelleninhaber, dass sein Arbeitsumfeld stark reglementiert ist.

Am deutlichsten zeigt sich mangelndes Zusammenspiel im direkten Kontakt, also im Vertrieb und auf Messen, sowie im Internet: Während das Online-Angebot auf Service und Flexibilität hinweist, lässt die Antwort auf eine Anfrage tagelang auf sich warten.

Prozesskommunikation: Das Unternehmen im Wandel

Früher gab es Imagebroschüren, die zwei bis drei Jahre hielten, weil sich die Unternehmen nur wenig änderten, heutzutage wandeln sich die Unternehmen rasant. In diesen Zeiten stimmen Design, Kommunikation und Handeln oft nicht überein, denn das Unternehmen zeigt und kommuniziert, wie es sein möchte (zum Beispiel kundenfreundlich), aber das Handeln entspricht dem noch nicht.

Herausforderung für das CIM ist daher, den Wandel des Unternehmens darzustellen und diesen zu erläutern, damit den Bezugsgruppen die widersprüchlichen Erscheinungsweisen des Unternehmens verständlich werden:

- Welches Verhalten zeigt das Unternehmen derzeit?
- Welches Verhalten strebt es an?
- In welchen (sichtbaren) Schritten wird sich das Verhalten entwickeln?

Beantwortet das Unternehmen seinen Bezugsgruppen diese Fragen nicht, dann besteht die Gefahr, dass das Unternehmen unglaubwürdig wird, weil es anders redet als handelt. Voraussetzung für das widerspruchsfreie Vermitteln der Unternehmenspersönlichkeit ist das langfristig angelegte Konzept, das festlegt, was, wann und mit wem über den Wandel kommuniziert wird.

Reflexion

Sie müssen einem Menschen Ihre Unternehmenspersönlichkeit beschreiben. Mit welcher Geschichte würden Sie dies tun? Was geschieht in dieser Geschichte? Welche typischen Handlungen erzählt sie?

Image

8.4

Ziel des CIM ist die Profilierung des Unternehmens nach innen und außen: Die wichtigen Bezugsgruppen sollen ein klares und einzigartig attraktives Vorstellungsbild von der Unternehmenspersönlichkeit entwickeln. Dieses Vorstellungsbild ist Basis, damit sich Glaubwürdigkeit, Sicherheit und Vertrauen zu Ihrem Unternehmen entwickeln.

Das unverwechselbare, charakteristische Image ermöglicht dem Unternehmen und seinen Produkten, aus der Anonymität und der Informationsflut herauszutreten und erkennbar zu werden. Erkennbarkeit, Sympathie und Vertrauen stabilisieren das Verhältnis zwischen dem Unternehmen und seinen Bezugsgruppen und ermöglichen, dass diese die Ziele des Unternehmens unterstützen.

Images sind Vorstellungsbilder, die eine Person bzw. eine Gruppe von Menschen von einem Meinungsgegenstand haben. Meinungsgegenstände können sein

- Personen, zum Beispiel der Firmenchef,
- Objekte, zum Beispiel das Unternehmen,
- Ideen, wie der Umweltschutz.

Zum Beispiel haben die Bezugsgruppen das Vorstellungsbild vom Unternehmer als soliden, glaubwürdigen Gesprächspartner, sein Unternehmen gilt als sozial und kompetent. Weitere Beispiele:

- Der Kunde weiß, dass das Unternehmen hochwertige Leistungen erbringt, die seine Wünsche und Erwartungen einzigartig erfüllen. Er findet dies wichtig und gut und er will deshalb die Leistungen beanspruchen.
- Der Investor ist über die Zukunftsperspektiven des Unternehmens informiert. Er ist überzeugt, dass es sich lohnt, in die Aktien zu investieren, und er empfiehlt sie weiter.
- Dem Anwohner ist bekannt, dass das Unternehmen eine neue Fabrikhalle bauen will. Er ist über deren Nutzen informiert sowie über die Maßnahmen zum Lärmschutz und zur Arbeitssicherheit. Er bewertet die Fabrikhalle als notwendig, sicher und umweltgerecht.

Warum sind Images für Menschen so wichtig? Images ermöglichen Orientierung, indem sie Wissen ersetzen: Kein Mensch kann heute alles wissen, was um ihn herum passiert. Images leiten, indem sie Komplexität verringern: Hat ein Bewerber ein Vorstellungsbild vom Unternehmen, kann er entscheiden, ob er sich dort bewirbt oder nicht. Der Mitarbeiter kann aufgrund seines Vorstellungsbildes bewerten, ob das Unternehmen seine Werte vertritt und ob er deshalb das Unternehmen unterstützen will.

> **Bezugsgruppen wollen sich ein Vorstellungsbild vom Unternehmen machen, um sich ihre Meinung zu bilden und eine Entscheidung abzuleiten.**

Warum sind Images für Unternehmen so wichtig? Images beeinflussen die Wahrnehmung und steuern das Verhalten der Bezugsgruppen: Ein positives Image vom Unternehmen führt eher dazu, dass sich die Bezugsgruppen positiv verhalten, zum Beispiel durch Kauf oder eine Bewerbung. Ein schlechtes Image führt eher dazu, dass sich die Bezugsgruppen negativ verhalten, zum Beispiel durch Proteste und Boykotte.

Unternehmen versuchen daher, ein angemessenes Vorstellungsbild von ihrer Unternehmenspersönlichkeit zu erzeugen und systematisch zu entwickeln. Ist das Unternehmen innovativ und fortschrittlich, gilt aber in den Augen wichtiger Bezugsgruppen als traditionell und altmodisch, kann das CIM versuchen, dieses Vorstellungsbild zu berichtigen: Eine Broschüre informiert über Neues in der Technik, der Tag der offenen Tür stellt hochmoderne Produktionsanlagen, neuartige Verfahren oder bahnbrechende Abläufe vor; der Geschäftsführer erörtert mit Journalisten, wie er die Zukunft seines Unternehmens meistern will.

> **CIM unterstützt das Erreichen der Unternehmensziele durch den Aufbau sowie die systematische, kontinuierliche Entwicklung des starken und einzigartigen Unternehmensimages.**

Entstehen 8.4.1

Wie entstehen Images? Es gibt Eigenschaften, die für die Bezugsgruppen wichtig sind, wenn sie ein Unternehmen beurteilen: Für Stellensuchende sind das interessante Arbeitsplätze und ein gutes Betriebsklima, für Aktionäre ist das der Aktienwert. Das Image entsteht nun dadurch, dass die Bezugsgruppen aufgrund ihres

Wissens einschätzen und bewerten, inwieweit das Unternehmen über diese für sie wichtigen Eigenschaften verfügt und im Vergleich zum Wettbewerb erfüllt. Das Ergebnis sind Meinungen, Wünsche und Erwartungen.

Images beinhalten die subjektive Bewertung der Bezugsgruppen darüber, ob und inwieweit das Unternehmen geeignet ist, die Wünsche und Erwartungen einzigartig zu erfüllen.

Ihre Bezugsgruppen sollen einzigartige Eigenschaften mit Ihrem Unternehmen verbinden und diese Eigenschaften positiv bewerten.

Optimal wäre, wenn die Bezugsgruppen bei bestimmten Eigenschaften an Ihr Unternehmen denken und – umgekehrt – Ihr Unternehmen sofort mit festgelegten Eigenschaften verbinden. Dies können sachliche Eigenschaften sein wie die Beratungskompetenz einer Bank oder emotionale Eigenschaften wie die Gefühlswelt, die mit einem Energieunternehmen verbunden ist. Sachliche und emotionale Eigenschaften können kombiniert sein. Aufgabe des CIM ist es, solche Merkmale aufzudecken und zu gestalten.

Welche sachlichen und emotionalen Eigenschaften sind bei der Bewertung des Meinungsgegenstandes wichtig?

Verfügt das Unternehmen über diese Eigenschaften?

Wie stark bzw. einzigartig verfügt es über diese Eigenschaften?

Abb. 8.13: Entstehen von Images

Images sind somit Einstellungen sehr ähnlich. Einstellungen sind relativ dauerhafte Haltungen gegenüber einem Meinungsgegenstand. Der Unterschied ist, dass Images mehrdimensional sind, Einstellungen eindimensional.

Entscheidend ist, dass Images subjektiv sind: Das Vorstellungsbild entsteht einzig in den Bezugsgruppen. Daher können auch nur sie darüber Auskunft geben, welches Vorstellungsbild vom Unternehmen sie haben.

Konsequenz für Ihr CIM: Images entscheiden über Ihren Unternehmenserfolg, denn die Leistung Ihres Unternehmens kann zwar besser sein als die der Konkurrenz; wenn dies aber Ihre Bezugsgruppen nicht genauso sehen, ist Ihr Wettbewerbsvorteil wirkungslos. Anstatt das objektiv beste Unternehmen zu wählen, wählen diese das subjektiv beste! Essenziell für Ihr CIM ist daher, die Vorstellungsbilder Ihrer Bezugsgruppen zu kennen und diese Vorstellungsbilder gezielt zu entwickeln.

> **Ergründen Sie das Vorstellungsbild, das Ihre Bezugsgruppen von Ihrem Unternehmen haben. Gestalten Sie dieses Bild systematisch und langfristig!**

Gewichtige Gefühle

Als sich Produkte noch deutlich anhand von objektiven Merkmalen unterschieden, spielten Informationen bei der Bewertung des Meinungsgegenstandes die entscheidende Rolle. Mittlerweile sind Produkte und Leistungen austauschbar geworden. Die Folge ist, dass die Konsumenten sich immer weniger für Informationen interessieren („Die Produkte sind doch ohnehin alle gleich!").

Stattdessen wird die Gefühlswelt der Bezugsgruppen entscheidend für die Bewertung des Unternehmens (siehe ausführlich Kap. 4). Dies zeigt zum Beispiel die sehr aufwändig gestaltete Werbung der Autoindustrie, die vor allem die Gefühlswelt der Verbraucher anspricht.

> **Wettbewerbsvorteile lassen sich oft nur noch dadurch erreichen, dass ein Unternehmen andere Gefühle anspricht als seine Konkurrenz.**

Bei Images geht es also auf der Sachebene um Informationen über das Unternehmen und seine Wettbewerber; auf der Beziehungsebene geht es um Gefühle wie Vertrauen, Verständnis, Glaubwürdigkeit und Sympathie.

Die Vorstellungen vom Unternehmen können inhaltlich sein, bildlich oder beides: Zum Beispiel ist BMW verbunden mit der inhaltlichen Vorstellung von sportlichem Fahren und bildlich mit dem Firmenlogo. Fehlen solche Vorstellungen oder sind sie unklar, kann das Unternehmen profillos wirken.

8.4.2 Komponenten

Das Image setzt sich aus folgenden Komponenten zusammen:

- **Wahrgenommene Eignung des Unternehmens zur Befriedigung individueller Bedürfnisse:** Wie gut erfüllt das Unternehmen aus Sicht der Bezugsgruppen deren Wünsche und Erwartungen?

- **Einzigartigkeit der Vorstellungen, die mit dem Unternehmen verbunden sind:** Was macht das Unternehmen aus Sicht der Bezugsgruppen einzigartig?

- **Stärke und Genauigkeit der mit dem Unternehmen verbundenen Gedankenverknüpfungen (Assoziationen):** Wie stark (intensiv) und fest umrissen sind die Gedankenverknüpfungen der Bezugsgruppen mit dem Unternehmen?

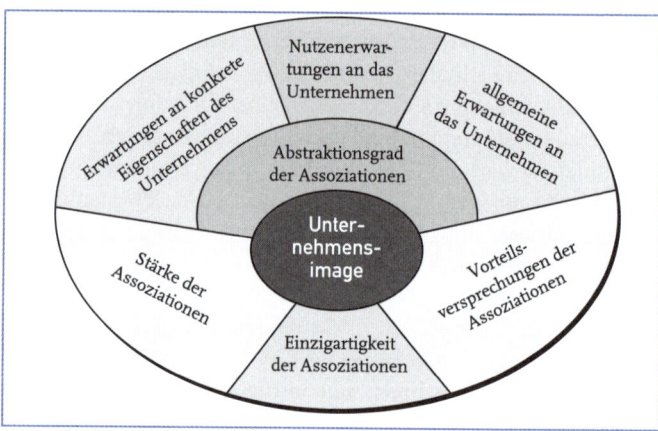

Abb. 8.14: Imagekomponenten (in Anlehnung an Meffert, 2002)

Die Genauigkeit der Gedankenverknüpfungen lässt sich weiter unterteilen:

- Von der Bezugsgruppe mit dem Unternehmen assoziierte Eigenschaften, wie zum Beispiel die äußeren Merkmale Ihres Unternehmens, dessen typische Mitarbeiter etc.

- Art der Assoziationen (emotional oder sachlich-rational) beziehungsweise die Art des von den Bezugsgruppen subjektiv erwarteten Nutzens (Grund-, Zusatz-, Geltungsnut-

zen, beziehungsweise Funktions-, Erfahrungs- und Symbol-
nutzen).

- Übergreifende, wertende Globalüberzeugungen über das
Unternehmen, wie zum Beispiel dessen Legitimation.

Eigenschaften 8.4.3

Es scheint einfach zu sein, das angemessene Vorstellungsbild von
seinem Unternehmen aufzubauen – ist es aber nicht! Der CI-Ex-
perte Antonoff schrieb: „Machen Sie sich ein Bild davon – das
klingt so alltäglich, und doch ist es die Aufforderung zu einem
komplizierten psychologischen Prozess. Sein Resultat ist die Entstehung des Images." (Antonoff, 1975, Seite 31).

Images sind komplexe Gebilde:

- Je mehr Informationen vorliegen, desto breiter und zuverlässiger ist das Image: Viele Informationen lassen Vorstellungsbilder mit vielen Fassetten entstehen. Liegen nur wenige Informationen vor, bildet sich ein schlichtes, oft zu
einfaches Bild. Dennoch sollte das CIM nicht möglichst viel
informieren, sondern gezielt und dauerhaft, ohne dabei
Widersprüche zu verursachen.

- Images entstehen schnell, aber sie festigen sich langsam:
Anfangs reicht eine einzige neue Information aus, damit
sich das Image ändert. So kann ein neues Unternehmen als
erfolgreicher Aufsteiger gelten, bis die ersten schlechten
Bilanzen bekannt werden. Dieses Wissen (Medienerfah-
rung) muss sich in der Praxis beweisen (Alltagserfahrung),
um dauerhaft zu sein. Sie brauchen daher einen langen
Atem, wenn Sie nicht Schnellschüsse produzieren wollen,
die schnell verpuffen. Erstellen Sie ein kurz-, mittel- und
langfristiges Konzept, wie Sie Ihr gemeinsames Selbstverständnis in den kommenden Jahren gestalten werden. Dieses Konzept hat den Vorteil, dass aus ihm alle Beteiligten
ihre Entscheidungen ableiten können, damit ein einzigartiges, starkes und widerspruchsfreies Image entsteht.

- Images sind nie starr: Images können stabil sein, aber sie
sind nie starr: Selbst ein Unternehmen, das jahrelang als

vertrauenswürdig und sozial galt, kann schlagartig ein negatives Image erzeugen, wenn die Massenmedien schlechte Arbeitsbedingungen aufdecken.

■ Images wirken selektiv: Gelingt es, jene für eine Bezugsgruppe wichtigste Eigenschaft gut zu profilieren, nimmt sie weniger günstig beurteilte Dimensionen hin (Halo-Effekt): Ist für einen Stellensuchenden die Bezahlung wichtig, nimmt er das angestaubte Unternehmensimage in Kauf.

Finden Sie heraus, was Ihren Bezugsgruppen wichtig ist und profilieren Sie diese Eigenschaft Ihres Unternehmens kraftvoll.

■ Images sind ganzheitlich: Images sind das Ergebnis vielfältiger Informationen und Eindrücke, die aus der Wahrnehmung von Design, Kommunikation und Verhalten entstehen. Nimmt die Bezugsgruppe diese Elemente nicht widerspruchsfrei als Ganzes wahr, können Brüche in der Wahrnehmung der Unternehmenspersönlichkeit entstehen: Es ist, als ob eine Ente wie eine Ente aussieht und wie eine Ente watschelt, aber wie ein Hund bellt (Meffert). Um dies zu vermeiden, legt ein Konzept für alle Beteiligten nachvollziehbar fest, welche Unternehmenspersönlichkeit aufgebaut werden soll und welchen Beitrag die Beteiligten hierzu leisten sollen.

■ Images entstehen aus unterschiedlichen Quellen: Vorstellungsbilder entstehen meist nicht aus den Quellen des Unternehmens allein, sondern sie sind auch – und vielfach sogar stärker – durch Familie und Freunde geprägt, durch soziale Gruppen (zum Beispiel Sportverein), Massenmedien, Institutionen (Banken, Versicherungen etc.), Vereine und Verbände. Ergibt die Recherche, dass diese Quellen das Image der Bezugsgruppe stark beeinflussen, sollten Sie diese im CI-Konzept berücksichtigen.

CIM kann Vorstellungen ändern
Ihr CIM kann folgende Beiträge zur Gestaltung Ihres Unternehmensimages leisten:

- **Neue Gedächtnisstrukturen aufbauen,** wie im Falle neuer Unternehmen oder Unternehmensteile, für die es bisher kein Vorstellungsbild gab.
- **Vorhandene Gedächtnisstrukturen stärken oder vertiefen,** indem das CIM Inhalte erlebbar macht, die schon im Gedächtnis der Bezugsgruppen verankert sind.
- **Alte Gedächtnisstrukturen überschreiben oder löschen,** indem zum Beispiel die Kundennähe herausgestellt wird, weil das Unternehmen eher als distanziert galt.
- **Vorhandene Gedächtnisinhalte erweitern:** Die Bezugsgruppen lernen neue Eigenschaften des Unternehmens kennen, wie dessen Dialogfähigkeit.

Image und Verhalten 8.4.4

Haben die Bezugsgruppen ein gutes Image vom Unternehmen, werden sie sich ihm gegenüber eher positiv verhalten, zum Beispiel durch Produktkauf. Dagegen führt ein schlechtes Image eher dazu, dass sich die Bezugsgruppen negativ verhalten, zum Beispiel durch Ablehnung und Proteste.

Dem Zusammenhang von Image und Verhalten im Vergleich mit anderen Unternehmen kann folgende Wirkungskette nachgehen:

- **Bekanntheit:** Das Unternehmen muss ins Bewusstsein der Bezugsgruppen dringen. Das Unternehmen muss bekannt sein, damit ein Image entstehen kann.
- **Image:** Die Bezugsgruppen haben ein klares, einzigartiges Vorstellungsbild vom Unternehmen.
- **Handlungsbereitschaft:** In diesem Stadium prüft die Person aufgrund ihres Vorstellungsbildes vom Unternehmen, ob sie zu einem bestimmten Verhalten bereit ist.
- **Handeln:** Dieses Kriterium beantwortet die Frage, wie viele der Personen aus der Bezugsgruppe wie beabsichtigt handeln. In der Praxis besteht hier oft eine große Diskrepanz: Das Unternehmen ist zwar bekannt und sympathisch, wird aber nicht in Anspruch genommen.

Je nach Verhältnis der Faktoren zueinander lässt sich das CIM gezielt optimieren: Warum ist das Unternehmen zwar bekannt, aber es gilt nicht als sympathisch? Warum gilt das Unternehmen als sympathisch, aber keiner will sich dort bewerben?

Reflexion

- Notieren Sie die vier Elemente des Corporate Identity Managements auf einem Blatt Papier.

- Notieren Sie zu jedem dieser Elemente die wichtigsten Begriffe, die Sie für ein wirkungsvolles CIM brauchen.

- Unterteilen Sie hierbei nach dem Stand der Gegenwart (wie ist es heute?) und dem angestrebten Zustand (wie soll es sein?)

Der Managementprozess

Identitätsmanagement ist eine sehr komplexe und herausfordernde Aufgabe. Viele Unternehmen scheitern.

9

In diesem Kapitel lernen Sie

die Bestandteile des Managementprozesses für Ihr professionelles CIM kennen und verstehen, um ein eigenes CIM-Konzept zu erstellen und die Umsetzung steuern und kontrollieren zu können.

BMW, eSixt, Porsche – starke Unternehmenspersönlichkeiten, die jeder kennt. Sie sind nicht zufällig so stark geworden, sondern kompetente Manager haben sie in einem langwierigen Prozess dorthin entwickelt.

Corporate Identity Management ist der Prozess, das Selbstverständnis des Unternehmens systematisch und langfristig zu erkennen, zu gestalten, zu vermitteln und zu prüfen.

- **Erkennen:** Das Unternehmen erkennt bewusst und systematisch sein Selbstverständnis sowie dessen Potenzial und vergleicht dies mit den Wünschen und Erwartungen seines Umfeldes.
- **Gestalten:** Hieraus entwickelt es ein auf die Zukunft gerichtetes gemeinsames Selbstverständnis, das es in einem Leitbild verbindlich festhält.
- **Vermitteln:** Das Unternehmen vermittelt sein Selbstverständnis durch sein visuelles Erscheinungsbild (Corporate Design), durch seine Kommunikation (Corporate Communication) und sein Verhalten (Corporate Behaviour) an die internen und externen Bezugsgruppen.
- **Steuern:** Das gemeinsame Selbstverständnis wird immer wieder kritisch geprüft, um festzustellen, ob das Selbstverständnis auch weiterhin den sich ändernden internen und externen Erwartungen und Anforderungen gerecht wird.

Das Unternehmen entwickelt seine Unternehmenspersönlichkeit kontinuierlich weiter mit dem Ziel, bei den Bezugsgruppen das Vorstellungsbild (Image) von der Unternehmenspersönlichkeit und ihren Merkmalen aufzubauen und zu verankern.

Corporate Identity Management ist ein langfristiger, schwieriger und kontinuierlicher Prozess:

- CIM-Prozesse verlaufen parallel zu Wandlungen in Märkten, Unternehmen und der Gesellschaft. Langfristige Planung ist lebenswichtig, damit das Unternehmen künftige Chancen und Risiken erkennen kann. Das CIM soll daher vorausschauend geplant und geordnet erfolgen und sich nicht bloß reaktiv anpassen.

- Das Unternehmen muss interne und externe Wünsche, Erwartungen und Ansprüche aufgreifen und prüfen, ob und wie es diese umsetzen kann. Nur die eigenen Ziele im Kopf zu haben, birgt die Gefahr, an tatsächlichen Problemen vorbei zu handeln. Sorgfältige Planung, die alle Beteiligten einbezieht, minimiert dieses Risiko.
- CIM muss auf das Unternehmen, seine Stärken und Schwächen zugeschnitten sein. Es muss seinen Charakter, seine Eigenarten, seine Perspektiven berücksichtigen. Ein Unternehmen kann nur das glaubhaft versprechen, was es tatsächlich halten kann.
- Die Unternehmenspersönlichkeit kann sich nur dann widerspruchsfrei entwickeln, wenn die einzelnen Aktivitäten in ein schlüssiges und damit widerspruchsfreies Konzept eingebunden sind.
- Die angemessene Dramaturgie beim Einsatz der Maßnahmen erfordert vorausschauendes Denken.

 Improvisation kann sich heutzutage keiner mehr leisten.

Abb. 9.1: Spannungsfeld des CIM-Prozesses

Die Zukunft aktiv gestalten

Konkret bedeutet strategische Planung:

- Vorausschauendes Denken, um die Zukunft möglichst weit im eigenen Sinn zu gestalten, zum Beispiel mithilfe der Szenario-Technik.
- Festlegen des Ziels, also des angestrebten Zustands.
- Ableiten und Entscheidung von langfristigen Verhaltensplänen (Strategien) für alle an diesem Ziel Beteiligten.
- Koordination der Entscheidungen für deren bestmögliches Zusammenspiel.
- Schriftliches Festlegen des Vorgehens, damit dies verbindlich festgeschrieben ist und nachgelesen werden kann (Konzept).

Sie blicken also in die Zukunft und leiten hieraus einen Verhaltensplan ab, damit Sie diese möglichst aktiv in Ihrem eigenen Sinn gestalten und nicht nur auf Entwicklungen reagieren müssen. Von Eishockeystar Wayne Gretsky stammt das Motto:

„Ich versuche nicht dort zu sein, wo der Puck ist, sondern ich versuche dort zu sein, wo der Puck als nächstes sein wird."

Planung ist ein höchst anspruchsvoller, komplexer, interner und externer Managementprozess, der Absprache und Koordination zwischen allen Beteiligten erfordert. Dies gelingt häufig nur in Verbindung mit Kulturveränderungen hin zu mehr Gemeinschaftsgefühl.

9.1 Entscheidung und Vorbereitung

CIM wird in der Regel „von oben" in Gang gesetzt: Erste Anstöße und eine beschlussfähige Vorlage kommen meist aus der PR-Stelle, der Planungsabteilung oder der Organisationsentwicklung.

Entscheidet sich der Vorstand für einen CIM-Prozess, muss er sich eindeutig dazu bekennen.

 An Halbheiten ist das CIM schon oft gescheitert.

Die Geschäftsleitung muss wissen, dass sie sich auf einen langwierigen und schwierigen Weg begibt, der zu einschneidenden Veränderungen im und außerhalb des Unternehmens führt. Das Unternehmen muss sich erkennen und ändern. Es nutzt nichts, eine kunstvolle aber künstliche Identität zu verkünden, die niemand teilt und die nie gelebt wird. Ist CI auch nur in Teilen unglaubwürdig oder unstimmig, kann alle Mühe vergeblich sein und sogar schaden, indem Vertrauen verloren geht.

Am CIM ist das gesamte Unternehmen beteiligt. Frühzeitig und kontinuierlich müssen sich daher Führungskräfte, Mitarbeiter und Interessenvertretungen informieren und ihre Zustimmung geben können. Werden die Mitarbeiter nicht einbezogen, quittieren sie dies mit Desinteresse bis Boykott. Seit Jahren zeigen immer neue Managementmethoden wie Business Reengineering, Total Quality Management, Gruppenarbeit, Change Management und selbst Corporate Identity Management, dass ihre Ergebnisse hinter den Erwartungen zurückbleiben, wenn sie von oben verordnet werden.

Das CIM übernimmt in kleineren Unternehmen häufig der Inhaber, der Geschäftsführer oder ein Assistent der Geschäftsleitung. In größeren Unternehmen wird am besten eine Stabsstelle eingerichtet. Dies signalisiert, wie wichtig der Prozess ist und dass die Macher unabhängig sind.

Das ist keinesfalls selbstverständlich: CIM wird derzeit am häufigsten von der PR-Stelle oder Werbung und Marketing gemanagt. Corporate Identity Management wirkt sich aber auf das ganze Unternehmen aus und darf daher keine alleinige Aufgabe eines Ressorts sein: Würde ein Mitarbeiter aus der Finanzabteilung sein Verhalten ändern, weil ihm dies die Werbefrau in die Leitlinien geschrieben hat? Wie viel Aussicht auf Erfolg hätte ein CIM-Programm, wenn der PR-Vertreter über die zentralen Unternehmenswerte zu entscheiden hätte? Seine Aktivitäten würden schon deshalb boykottiert, um ihm seinen begrenzten Machtspielraum aufzuzeigen.

Eine Stabsstelle bedeutet konsequenterweise auch, einen eigenen und ausreichenden Etat bereitzustellen. Die benötigten Mittel sollten nicht von anderen Etats, zum Beispiel dem Werbeetat, abgezweigt werden. Dies geschieht noch zu häufig.

Das Projektmanagement ist eine gute Alternative: Es besteht aus einer unabhängigen Projektgruppe mit Leiter und Teammitgliedern sowie einem übergeordneten Lenkungsausschuss. Vorteil: In den CIM-Prozess fließen von vornherein Meinungen aus unterschiedlichen Funktionen des Hauses ein. Nachteil: CIM wird eventuell nur nebenher betrieben. Es kann Probleme beim Koordinieren von Kapazitäten und den Aufgaben der Teammitglieder geben.

Einer Stabsstelle oder einem Projekt stellen sich folgende Aufgaben: Der (Projekt-)Leiter wählt die (Projekt-)Mitarbeiter aus und stellt das Team zusammen, er erstellt Projektpläne, Zeitpläne und Kostenpläne, er organisiert, koordiniert und unterstützt fachlich die Projektarbeit. Er bereinigt Konflikte, ist Nahtstelle zur Geschäftsleitung, verarbeitet die unterschiedlichen Projektergebnisse und stellt sie der Geschäftsleitung vor. Der Projektleiter ist verantwortlich für externe Berater. Er gestaltet Arbeitsmethoden, Umgangsstil und Klima. Er ist Ansprechpartner für Konflikte, die während des Prozesses im Unternehmen entstehen, zum Beispiel zwischen Mitarbeitern und Führungskräften.

Dieser Beauftragte sollte Autorität besitzen, konsequent sein und übergreifende Kompetenzen haben – meist ein Topmanager. Und: Er sollte für den CIM-Prozess von seinen Aufgaben freigestellt sein.

Die Projektgruppe besteht je nach Größe des Unternehmens und seiner Struktur aus vier bis sieben Mitarbeitern, die aus den wichtigsten Unternehmensbereichen kommen – Geschäftsführung, Forschung, Personal, Kommunikation, Vertrieb. Möglichst sollten auch ein bis zwei Arbeitnehmervertreter teilnehmen. Und da der Prozess auch Schulung umfassen wird, ist ein Mitarbeiter der Weiterbildungsabteilung dabei.

Der Projektgruppe übergeordnet ist ein Lenkungsausschuss aus etwa zwei bis fünf wichtigen Unternehmensvertretern, die den Prozess verfolgen und wegweisende Entscheidungen treffen. Der Lenkungsausschuss ist Anlaufstelle für Probleme und Konflikte, die die Projektgruppe nicht lösen kann. Er wacht über den Fortschritt der Umsetzung und verabschiedet die Projektergebnisse.

Schon beim Bilden der Projektgruppe sollte ein erfahrener externer Berater dabei sein. Er hat die wichtige Rolle des Moderators, er unterstützt Klärungsprozesse und greift als unabhängiger Beobachter die unterschiedlichen Meinungen auf; er schiebt schleppende Prozesse an, er unterstützt Konzeption und Umsetzung. Vorteil: Ein Berater bringt Erfahrung ein, ist nicht „betriebsblind" und hat keine „Schere im Kopf" und daher den Mut zu unkonventionellen Lösungen. Und: Er kostet Geld und ist deshalb die beste Gewähr für den zügigen Fortgang der Arbeiten. Nachteil: Externe Agenturen sind meist nicht mit der herrschenden Unternehmenskultur vertraut.

Die Projektarbeit ist anfangs oft schwierig, denn die Mitglieder müssen persönlich und fachlich zueinander finden. Hilfreich hierfür sind vereinbarte Grundregeln für die Zusammenarbeit, die im Protokoll schriftlich festgehalten werden.

Ganz wichtig:

▶ **Alle Beteiligten einigen sich so früh wie möglich darüber, was sie unter CIM verstehen und welche Erwartungen sie an das Projekt knüpfen.**

Ein häufiger Grund für Enttäuschungen sind die hohen Erwartungen, die das CIM nicht erfüllen kann. Die Gruppe muss daher klären, ob sie CIM als Schnellschuss sieht oder als langfristigen ständigen Prozess. Welche Bedingungen muss das Projektteam schaffen, um CIM umzusetzen? Nur auf der Basis des gemeinsamen Verständnisses, der Projekt-CI, kann die Projektarbeit gelingen. Diese Klärung kann der externe Berater sinnvoll unterstützen.

Auf Basis des erarbeiteten Projektverständnisses wird der zeitliche und finanzielle Rahmen des Projektes festgelegt. Der Prozess besteht aus den vier Phasen Analyse, Planung, Umsetzung und Kontrolle. Die Dauer der ersten Phase hängt von der Unternehmensgröße ab, der Zustimmung zum Prozess, der Einsicht des Managements, der Unternehmenskultur, der Bereitschaft zur Veränderung und der Vielfalt der Unternehmensleistungen. Meist beträgt sie zwei bis drei Jahre.

Vor allem in den ersten beiden Jahren gibt es viel zu tun, da die Ausgangssituation untersucht, Probleme aufgedeckt und Konturen des CIM ausgearbeitet werden müssen. Später kehrt mehr

Routine ein, das Umsetzen der Maßnahmen erfolgt langfristig und ist in den Arbeitsalltag eingebettet.

Information der Belegschaft

Nach der Entscheidung der Geschäftsleitung und Gründung der Projektgruppe informieren Sie – falls nicht ohnehin in der Projektgruppe vertreten – die Arbeitnehmervertretungen, Führungskräfte und Mitarbeiter über den geplanten Prozess, seine Ziele und das Vorgehen. Danach halten Sie diese auf dem Laufenden. Dies ist wichtig für das Gelingen des Prozesses: Die Mitarbeiter sind Betroffene, die das Leitbild leben müssen. Sie sind daher zu jedem Zeitpunkt eingebunden, um die Gefahr zu verringern, dass Veränderungen über die Köpfe der Betroffenen hinweg angeordnet werden.

Mitarbeitende unterscheiden sich im Hinblick auf ihre Interessen: Zum Beispiel gibt es Mitarbeitende,

- die unbedingt einbezogen sein und wichtige Entscheidungen beeinflussen wollen,
- die gefragt werden wollen, bevor eine Entscheidung fällt,
- die nicht so stark mitwirken, aber informiert sein wollen,
- die weniger Interesse am Prozess haben.

Hierauf sollten Sie Ihre Kommunikation ausrichten. Am besten ist, Sie fragen vor dem Prozess einige Mitarbeiter über deren Bedarf an Information und Kommunikation. Auch während des Prozesses sollten Sie sensibel auf den Erfolg der Kommunikation achten. Hierfür stehen Ihnen viele Instrumente der internen PR zur Verfügung. Besonders bewährt haben sich Informationsveranstaltungen, Informationen im Intranet, Sonderausgaben der Mitarbeiterzeitung sowie Projekttafeln, die an zentralen Stellen des Hauses aufgestellt werden, zum Beispiel an der Pforte.

Denken Sie daran, diese Informationen zu aktualisieren

Die Medien der internen Kommunikation informieren die Mitarbeiter über den Prozess.

Auf Kommunikation ausgerichtet sind Diskussionen in der Mitarbeiterzeitung und auf der Betriebsversammlung. Besonders geeignet sind interne Messestände, die aufgestellt werden, wenn die aktive Mitarbeit und Diskussion mit der Belegschaft sinnvoll und erforderlich sind.

- Intranet/E-Mail
- Informationsveranstaltung
- Info-Stände/Info-Messen
- Telefon-Hotline
- Mitarbeiterzeitung/Wandzeitung
- Informationsblatt
- Betriebsversammlung

Abb. 9.2: Instrumente der internen Kommunikation

Die vier Schritte der Planung

Voraussetzung für Ihren erfolgreichen Identitätsprozess ist ein geordnetes, systematisch geplantes Vorgehen. Dies ist nicht selbstverständlich: Zu häufig werden Logos beliebig kreiert, Broschüren gestaltet und Fahnen gehisst, ohne die tatsächlichen Identitätsprobleme mit Bezugsgruppen aufzudecken. Mittel- und langfristige Pläne zu erstellen gilt immer noch als unnütz. Stattdessen sollte Ihr CIM-Prozess systematisch und sorgfältig erfolgen:

- Eine glaubwürdige und von den Bezugsgruppen akzeptierte Identität entsteht nicht von heute auf morgen. Stattdessen muss deren Zustimmung zum unternehmerischen Denken und Handeln langfristig erarbeitet und immer neu bestätigt werden.
- Die Unternehmenspersönlichkeit muss sich an den Wünschen und Erwartungen der Belegschaft und des Umfeldes orientieren. Nur die eigenen Ziele im Kopf zu haben birgt die Gefahr, an den tatsächlichen Problemen vorbei zu handeln. Sorgfältige Planung, die alle Beteiligten einbezieht, minimiert dieses Risiko.
- Ein Unternehmen muss erkennen, worauf es sich künftig einstellen und mit welchen Problemen es rechnen muss. Langfristige Planung ist lebenswichtig. Identitätsprozesse sollten vorausschauend, geplant und geordnet erfolgen.

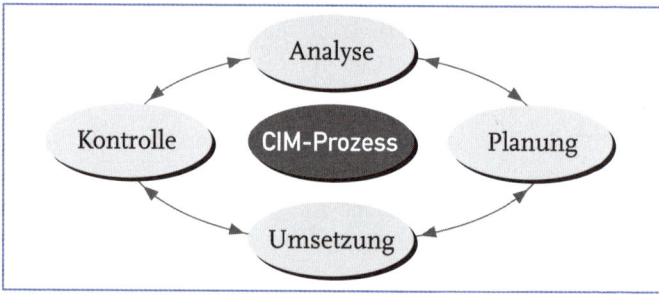

Abb. 9.3: Der CIM-Prozess

Hierzu erfolgt das CIM in vier Schritten, die systematisch aufeinander aufbauen: Analyse, Planung, Umsetzung, Kontrolle.

9.2 Die Analyse

9.2.1 Sammeln von Daten

Im ersten Schritt, der Analyse, prüfen Sie Ihre Ausgangssituation. Hierzu sammeln Sie die notwendigen internen und externen Daten und bewerten diese. Die Ergebnisse sollen Auskunft geben über

- Ihre Unternehmenskultur, also die derzeitige betriebliche Wirklichkeit („So ist es"),
- die Wünsche und Erwartungen der Geschäftsführung sowie der Belegschaft („So sollte es sein"),
- die Informationen und das Bild, welches die Bezugsgruppen in Markt und Gesellschaft von Ihrem Unternehmen haben („So ist es") sowie
- deren Wünsche und Erwartungen („So sollte es sein").

Aus diesen Daten können Sie Stärken und Probleme mit Ihrer Firmenidentität ableiten und Aufgaben für das CIM formulieren.

Die sorgfältige Analyse ist wichtig, um Ihre Situation zuverlässig zu bestimmen: Zum Beispiel kann es bei stark untergliederten Unternehmen dazu kommen, dass eine einheitliche Darstellung des Unternehmens für Kunden unwichtig ist. Maßnahmen richten sich dann eventuell stärker auf die Mitarbeiter oder den Finanzmarkt. Auf den internationalen Märkten muss das Unternehmen herausfinden, ob es sich überall einheitlich darstellen kann oder ob es die jeweiligen Ländergegebenheiten in Sprache, Politik, Kultur berücksichtigen muss. Hier kann eine einheitliche Darstellung sogar ungünstig sein, weil unterschiedliche Preise in den Ländern sichtbar sind. All dies sollte in der Analyse sorgfältig untersucht werden.

Die Informationen über Zustand und Wünsche werden mit wissenschaftlichen Methoden erhoben. Die Gründe:

- Einzeläußerungen von Mitarbeitern oder dem Umfeld, die dem Management zu Ohren kommen, sind unsystematisch und zufällig.
- Nur bestimmte Mitarbeiter und Bezugsgruppen äußern sich öffentlich, vor allem Unzufriedene oder Engagierte. Rückschlüsse auf die Meinung der Gesamtbelegschaft sind nicht möglich.
- Die Aussagen beziehen sich auf einzelne Themen und Probleme. Ein Gesamtbild der Meinungen zum Unternehmen entsteht nicht.

Wissenschaftlich durchgeführte Studien dagegen liefern ein zuverlässiges und umfassendes Bild von den Einstellungen der internen und externen Bezugsgruppen.

Die interne Analyse

Die interne Analyse erfasst das Vorstellungsbild von Ihrer Unternehmenspersönlichkeit bei der Belegschaft, deren Wünsche und Erwartungen. Außerdem werden Leistungen, Ressourcen und Potenziale des Unternehmens geprüft sowie das Erscheinungsbild bewertet.

Für die „harten Fakten" – also Informationen über Märkte, den Wettbewerb, die Kunden, das Kapital, die Mitarbeiter, die Technologie, Umwelt/Rohstoffe sowie die Kompetenzen und Ressourcen des Unternehmens – liegen meist schon Daten aus der strategischen Unternehmensplanung vor.

Konkret handelt es sich unter anderem um Informationen über

- den Markt, also Marktposition, Wettbewerb, Marketing-
  strategien, Marktorganisation, Bezugsgruppen, Vertrieb etc.
- Produkte und Dienstleistungen, zum Beispiel Produktstra-
  tegie, Produktnutzen, Leistungsfähigkeit, Preis-/Leistungs-
  verhältnis, Produktdesign, Produktkompetenz etc.

Diese Informationen sind wichtig, weil sie darüber entscheiden
können, ob ein Unternehmen überhaupt bestimmte Absichten in
sein Leitbild aufnehmen sollte.

Zudem ziehen Sie zur Bewertung des Firmenauftritts das Verhalten intern und extern sowie die Kommunikationsaktivitäten
ein, wie Werbung, Public Relations und Verkaufsförderung, aber
auch das Design und das Verhalten. Diese Einschätzung soll Ihnen
Einschätzungen des vorhandenen Erscheinungsbildes ermöglichen.

Die Ergebnisse ergänzen Sie durch „weiche Fakten", vor allem
das Bild, das die Mitarbeiter von ihrem Unternehmen haben, wie
sie es gern sehen würden, welche Erwartungen sie haben und welches Verhalten sie sich von ihm wünschen.

Da CIM ganzheitlich ist, sind alle Mitarbeiter einbezogen oder
zumindest repräsentiert durch Vertreter aus der Führungsmann-
schaft, der Interessenvertretung sowie Vertreter der Angestellten,
Arbeiter und Auszubildenden. Die Befragtenzahl hängt von der
Zeit, vom Geld, den Wünschen an Genauigkeit, aber auch von der
Situation Ihres Unternehmens ab.

Die interne Analyse ermittelt auch die Sicht der Geschäftsführung
über Ist und Soll des Unternehmens. Die einzelnen Mitglieder des
Vorstandes bzw. der Geschäftsführung (und parallel natürlich auch
die Mitarbeiter) sollen Auskunft geben, wie sie das Unternehmen,
seine spezifischen Kompetenzen sehen und wie sie seine Leistungen einschätzen:

- Gibt es eine Leitidee?
- Worin besteht der Nutzen für die Gesellschaft und die Ge-
  samtwirtschaft?
- Wie hat sich das Unternehmen entwickelt?
- Welche Konsequenz hat dies?

- Wie wollen wir sein und warum?
- Was können wir?
- Was passt zu uns?
- Wodurch überleben wir auf lange Sicht?
- Worauf können wir stolz sein?
- Wie wollen wir gesehen werden?

Die Ergebnisse zeigen häufig völlig unterschiedliche Einschätzungen, die später im Leitbild angenähert werden müssen.

In der Praxis hat sich gezeigt, dass Sie unbedingt die Anonymität der Befragten gewährleisten sollten. Hiervon kann sowohl die Zahl der Antworten abhängen als auch deren Qualität. Daher:

 Sichern Sie Anonymität zu.

Häufig führen externe Berater diese Befragungen durch, um die Anonymität zu gewährleisten.

Zur Durchführung stehen mehrere Methoden und Instrumente zur Verfügung. Am häufigsten eingesetzt werden Leitfadeninterviews, Standardfragebögen sowie Polaritätenprofile. In jüngerer Zeit nutzen Unternehmen zunehmend Instrumente, um auch unbewusste Prozesse der Verarbeitung, Bewertung und Speichern von Informationen zu ermitteln, die stark verhaltenswirksam sein können.

Leitfadengestützte Interviews

Hat ein Unternehmen nie untersucht, welches Vorstellungsbild die Bezugsgruppen vom Unternehmen haben und welche Wünsche und Erwartungen sie an es richten, eignen sich besonders Leitfaden-Interviews: Die Befragten können frei reden, anstatt einen vorgefertigten Fragebogen auszufüllen. Besonders wichtig hierbei ist, dass die subjektive Sicht der Befragten und viele Zusammenhänge deutlich werden, die eine Auswertung von Fragebögen nicht zeigt. Interessant zu wissen: Solche Interview können, müssen aber nicht repräsentativ sein, das heißt verallgemeinerbar für die Belegschaft sein. Wichtiger ist, was gesagt wird anstatt wie oft. So können Sie die Bezugsgruppen verstehen, anstatt zu messen, wie oft die Befragten einer Aussage zustimmen.

Maßgeblich ist, was gesagt wird und nicht wie häufig etwas gesagt wird.

Damit die Ergebnisse später vergleichbar sind und leichter ausgewertet werden können, wird häufig ein Themenleitfaden erstellt, der eingesetzt wird, wenn der Befragte nichts mehr erzählt oder einen Aspekt ausgelassen hat.

Offene Interviews

Vorteile

- Sie ermitteln Wissen über ein wenig bekanntes Thema.
- Die Befragten können alles äußern, was ihnen zu dem Thema einfällt.
- Geringere Gefahr, dass wichtige Aspekte eines Themas nicht zur Sprache kommen.

Nachteile

- Die offene Befragung stellt hohe Anforderungen an den Frager und seine Fähigkeiten; der Interviewer kann starken Einfluss auf die Qualität der Ergebnisse haben.
- Es ist mitunter nicht gewährleistet, dass unterschiedliche Forscher bei denselben Personen zu den gleichen Resultaten gelangen.
- Der Interpretationsspielraum bei manchen Antworten für den Forscher ist breit.
- Die Befragten müssen zu einer Auskunft bereit sein und sich gut ausdrücken können.
- Die Befragung dauert ziemlich lange (manchmal eine Stunde und länger).
- Die Auswertung ist aufwändig.
- Die Ergebnisse sind mitunter kaum vergleichbar.

Standardisierter Fragebogen

Vorteile

- Standardisierte Befragungen mit vorgefertigten Fragebögen sind vergleichsweise einfach und kostengünstig durchzuführen.

- Unterschiedliche Forscher kommen bei denselben Personen eher zu den gleichen Resultaten.
- Der Interpretationsspielraum ist geringer.
- Die Ergebnisse sind untereinander und mit einer späteren Befragung vergleichbar.

Nachteile

- Er ermittelt kaum neues Wissen über einen wenig bekannten Gegenstand.
- Es wird genau auf das geantwortet, was gefragt wird. Aspekte, die nicht im Fragebogen stehen, werden nicht erfasst.
- Gefahr von Fragen, die schon eine Antwort beinhalten („Meinen Sie nicht auch ...?").

Abb. 9.4: Vorteile und Nachteile der Befragungsinstrumente

Das offene Interview hat also den Vorteil, dass der Befragte frei von der Leber weg erzählen kann, was ihm zum Unternehmen einfällt. Auf die Frage nach der Zukunft des Unternehmens kann er munter sprudeln, wogegen der schriftliche Fragebogen eher die Fantasie durch einen Schreibkrampf hemmt. Ein schriftlicher, standardisierter Fragebogen birgt außerdem die Gefahr, dass wichtige Erwartungen und Wünsche nicht erfasst werden, weil sie vergessen oder unterschätzt werden: Vielleicht ist den Mitarbeitern die Sicherheit der Arbeitsplätze am wichtigsten und nicht – wie die Geschäftsleitung annimmt – die Sozialleistungen. Beispiele für Fragen in einem offenen Interview finden Sie im Anhang.

Standardisierte Mitarbeiterbefragung
Am häufigsten wird zur Mitarbeiterbefragung ein standardisierter Fragebogen eingesetzt. Die Handhabung ist klar: Die Befragten antworten durch Ankreuzen der ihnen zutreffend erscheinenden Antworten.

Die Befragungsergebnisse liefern ein zuverlässiges Bild darüber, wie die Mitarbeiter samt Geschäftsführung ihre Firma sehen. Diese wahrgenommene Unternehmenspersönlichkeit muss nicht mit der tatsächlich gelebten Unternehmenskultur übereinstimmen.

Daher sollten zusätzlich Informationen gesammelt werden, die auf bestehende Werte und Normen hinweisen. Der Betriebswirt Staehle schlägt vor, zu erforschen,

- welche Menschen-, Technik-, und Organisationsbilder beim Management vorherrschen,
- welche Funktion im Top-Management am stärksten vertreten ist bzw. welcher Bereich in der Unternehmung das höchste Ansehen genießt,
- wo die meisten Produkt- oder Prozessinnovationen stattfinden,
- wie neu eingestellte Mitarbeiter eingeführt werden,
- wie Managementsitzungen oder auch Betriebsversammlungen ablaufen,
- wie Manager mit ihren Mitarbeitern umgehen,
- welche Erwartungen die Mitarbeiter in das Unternehmen setzen,
- welche Geschichten und welche Rituale praktiziert werden.

Entsprechende Informationen können aus Interviews und Beobachtungen oder Dokumentationen des Unternehmens wie Geschäftsberichten, Unternehmensgrundsätzen und Publikationen gewonnen werden. Gemeinsam mit den zuvor gesammelten Daten ergeben sie ein vielfältiges und aussagekräftiges Bild über die wahrgenommene und gelebte Unternehmensidentität.

Die externe Analyse

Die externe Analyse untersucht die Bekanntheit des Unternehmens bei wichtigen Bezugsgruppen sowie deren Vorstellungsbild, aber auch Wünsche und Erwartungen an künftiges Verhalten im Markt und in der Gesellschaft:

- Wie bekannt ist das Unternehmen?
- Welche Informationen sind bekannt?
- Stimmen diese Informationen?
- Welches Image hat das Unternehmen?
- Welches Image hat die Branche?
- Welches Image haben die Wettbewerber?
- Wie beurteilen wichtige Bezugsgruppen das Verhalten des Unternehmens?

- Welche Erwartungen haben sie an das Unternehmen und an seine Leistungen?
- Gilt das Unternehmen als sympathisch, vertrauensvoll und kompetent?
- Wie groß ist seine Akzeptanz?

In der Untersuchung sollten alle wichtigen Bezugsgruppen vertreten sein. Auch hier hängt es von den zeitlichen, finanziellen und organisatorischen Möglichkeiten ab, wie viele Gruppen dies sind und wie viele Vertreter jeweils befragt werden. Fragen für eine externe Befragung finden Sie im Anhang.

Sie messen Images: Polaritätenprofile
Einfach anzuwenden ist das Polaritätenprofil. Es besteht aus gegensätzlichen Eigenschaftspaaren, die in einer Liste aufgeführt werden. Die Befragten markieren auf einer Skala von 1 bis 7, wie stark die genannten Eigenschaften ihrer Meinung nach auf das Unternehmen zutreffen. Ergebnis ist das Imageprofil des Unternehmens aus Sicht der Bezugsgruppen.

Dies reicht noch nicht aus: Die Befragten geben in einem zweiten Schritt an, wie wichtig diese Eigenschaften sind. Was, wenn ein Unternehmen als fortschrittlich gelten will, dies aber für seine Bezugsgruppe unbedeutend ist? Was, wenn die Bezugsgruppen die sozialen Leistungen des Unternehmens für die Mitarbeiter als umfangreich einschätzen, dies aber keine Bedeutung für die Befragten hat?

Gefragt werden kann auch, wie das ideale Unternehmen aussieht – zum Beispiel wenn es kein Leitbild gibt, das als Messlatte für ein angestrebtes Image dienen könnte.

Weicht das gemessene von dem gewünschten Image ab, stellt dies einen Ansatzpunkt für das CIM dar.

Unbewusstes beachten
Leitfadeninterview, Fragebögen und Polaritätenprofile werden in der Praxis zwar am häufigsten eingesetzt; sie haben jedoch den Nachteil, dass sie nur solche Inhalte erheben, die den Befragten zugänglich sind, auf die sie also gedanklich zugreifen können. In den vergangenen Jahren haben daher zusätzlich Instrumente an

Bedeutung gewonnen, die auch unbewusste Einschätzungen erheben können.

Wichtig für die Wirkung des CIM ist daher, auch die impliziten Bedeutungen und Bewertungen zu erfassen. In der Psychologie, neuerdings aber auch in der Marktforschung, finden sich Methoden und Instrumente, die die gedankliche Verarbeitung umlaufen.

- Kulturanalysen legen die kulturellen Bedeutungen von Unternehmen, Produkten, Geschichten und Menschen offen. Kulturwissenschaftliche Verfahren machen die implizite Bedeutung aller Signale sichtbar, die das Unternehmen einsetzt – von der Sprache bis hin zur Typografie. Psychologie: Tiefenpsychologische Verfahren legen die impliziten Bedeutungen und Belohnungen offen.

- Ein wichtiges Instrument, um die gedankliche Kontrolle zu umgehen, ist der Implizite Assoziationstest, kurz IAT. In diesem Test müssen Auskunftspersonen Fragen beantworten, von denen sie nicht wissen, zu welchem Ergebnis sie führen. Sie kombinieren Aussagen, die erst als Ergebnis die gewünschte Auskunft über die tatsächlichen Einstellungen offenbaren. Sie können selbst einen solchen Test im Internet durchführen (https://implicit.harvard.edu/implicit/germany/).

- Weitere Möglichkeiten, implizite Prozesse zu berücksichtigen, sind zum Beispiel Assoziationstests und Projektionstests: Im Assoziationstest wird die Auskunftsperson durch Reize angeregt, spontan mit Assoziationen, Zuordnungen und Meinungsäußerungen zu reagieren:
  - Im Wortassoziationstest soll die Auskunftsperson auf einen Begriff spontan reagieren: „Was fällt Ihnen spontan ein, wenn ich Ihnen folgende Begriffe nenne: ‚BMW‘; ‚blau-weiß‘, ‚Auto‘?"
  - Im Satzergänzungstest wird die Auskunftsperson gebeten, einen Satz zu vervollständigen, etwa: „Wenn es keinen BMW gäbe, …", „Bei Mercedes habe ich immer das Gefühl, …" oder „Leute, die bei Volvo arbeiten, …"

- In Projektionsverfahren sollen die Befragten ihre eigenen Meinungen und Ansichten auf Dinge übertragen, weil sie die eigenen Ansichten nicht nennen können, wollen oder dürfen. Möglich wäre zum Beispiel, nach einer typischen Geschichte für das Unternehmen zu fragen, nach dem typischen Mitarbeiter, dem typischen Kunden und eine Geschichte hierzu:

- **Bildererzähltest:** Bilder stellen Personen in bestimmten Situationen dar, die mit dem Unternehmen und seinen Produkten verbunden sind, zum Beispiel typische Verwendungssituationen. Die Befragten sollen diese Bilder mit sinnvollen Geschichten verbinden. Die Deutung der Bildergeschichten gibt einen Einblick in das Gefühlsleben, die Konflikte und Probleme der Person. Beispiel: »Denken Sie sich eine Geschichte zu folgendem Bild aus ...«

- **Zuordnungstests:** Die Auskunftsperson soll dem Unternehmen und seinen Produkten Bilder von Personentypen zuordnen, die dort arbeiten oder die die Produkte nutzen. Beispiel: »Welche dieser hier gezeigten Personen könnte Kunde des Unternehmens XY sein?«

- **Ballontest:** Den Befragten werden karikaturähnliche Strichzeichnungen von sich unterhaltenden Personen vorlegt. Nur ein Teil des Dialogs ist vorgegeben – meist eine Aussage oder Behauptung einer Figur über das Unternehmen. Die Befragten sollen die leere Sprechblase bzw. die fehlenden Teile des Dialogs ausfüllen (»Ich würde gern bei XY arbeiten, denn ...«). Die Annahme ist, dass die Befragten ihre eigenen Meinungen oder Vorurteile in eine gezeigte Situation übertragen.

Assoziations- und Projektionsverfahren sind geeignet, einen Teil der emotionalen und unbewussten Wirkungen zu erfassen. Sie sollten diese Verfahren aber zum einen durch andere Verfahren ergänzen; zum anderen sollten Sie die Durchführung in die Hände erfahrener Profis legen.

Das Unternehmen im Vergleich zur Konkurrenz
Zusätzlich zur Analyse des Vorstellungsbildes, das Ihre internen und externen Bezugsgruppen von Ihrem Unternehmen haben, sollten Sie auch das Vorstellungsbild von der Konkurrenz erfragen

– soweit dies nicht schon in den vorherigen Befragungen der Bezugsgruppen geschehen ist. Hierdurch wird die eigene Position im Vergleich zu anderen Unternehmen deutlich – Ihr Unternehmen sollte schließlich nicht nur die Erwartungen der Bezugsgruppen erfüllen, sondern sich auch von der Konkurrenz abheben.

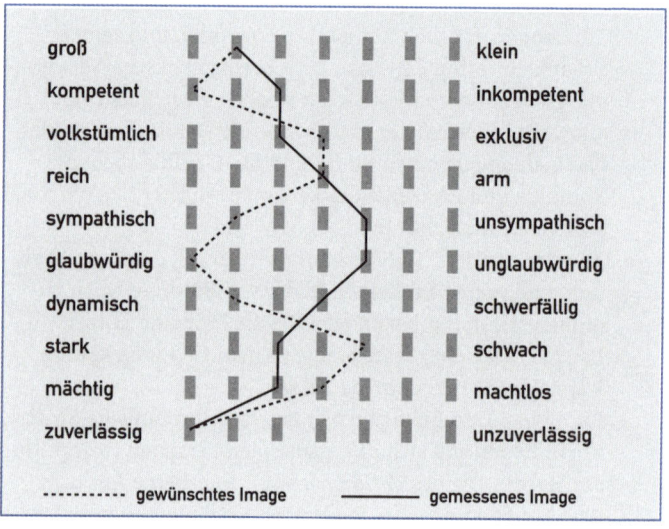

Abb. 9.5: Unterschiede im gemessenen und gewünschten Image

Was die Medien berichten

Die Medienbeobachtung ist ohnehin ständige Aufgabe der Public Relations-Abteilung. Für das CIM gibt sie Auskunft über die veröffentlichte Meinung über das Unternehmen und seiner Konkurrenz. Bitte beachten Sie:

Die Medienbeobachtung deckt nicht das Image des Unternehmens bei den Bezugsgruppen auf, sondern nur das, was die Medien über das Unternehmen berichten!

Ein Unternehmen kann demnach – trotz positiver Berichterstattung – ein negatives Image in der Bevölkerung haben und umgekehrt.

Aufbereiten der Daten

Die gesammelten Daten verdichten und bewerten Sie, zum Beispiel nach Stärken und Schwächen, Chancen und Risiken: Dies zeigt Ansätze für notwendige Verbesserungen, aber auch Erfolgspotenziale und eine Zielrichtung Ihres CIM-Prozesses.

Stärken:
- Die Mitarbeiter fühlen sich gut über Ihr Unternehmen informiert.
- Die Aktionäre vertrauen in die Zukunft Ihres Unternehmens.
- Ihr Unternehmen gilt als attraktiver Arbeitgeber.

Schwächen:
- Die Mitarbeiter bewerten die Mitgliederzeitschrift als unkritisch und wenig unterhaltsam, sie würden dies unbedingt ändern.
- Die Anwohner des Werkes wissen nicht, welche Bedeutung das Thema Anlagensicherheit für das Unternehmen hat.
- Die Bevölkerung steht Ihrem Unternehmen misstrauisch gegenüber und möchte sich stärker persönlich über es informieren.

So wichtig wie der Blick in die Gegenwart ist der Blick in die Zukunft: Dies zwingt Sie, Entwicklungen aufzugreifen und deren Konsequenzen für das Unternehmen zu erkennen, zum Beispiel durch Änderungen in Strukturen, Prozessen und dem Verhalten. So ist abzusehen, dass die Bedeutung des Internets für viele Unternehmen weiter steigen wird, wofür Sie schon heute Geld, Zeit und Personal planen müssen.

Chancen:
- Der Markt entwickelt sich.
- Der eigene Marktanteil steigt.
- Die Produkte werden ihre Alleinstellung behalten.

Risiken:

■ Die Marktbedürfnisse ändern sich schnell.

■ Die Konzentration der Unternehmen nimmt zu.

■ Die Konkurrenten planen, das Kommunikationsbudget zu erhöhen und große Kampagnen zu starten.

Aus dem Profil der Stärken und Schwächen, Chancen und Risiken formulieren Sie die Aufgaben für Ihren weiteren CIM-Prozess.

Gegenwart und Zukunft der Kommunikation

Gegenwart	Stärken und Schwächen: Was läuft gut und kann beibehalten werden? Was muss sich ändern?
Zukunft	Chancen und Risiken: Was kommt auf die Kommunikation zu, auf das Sie sich einstellen müssen?

Abb. 9.6: Status quo und Entwicklung des Unternehmens

9.2.3 Bestimmen der Aufgaben

Aus den Stärken und Schwächen, Chancen und Risiken bestimmen Sie die Aufgaben für Ihren weiteren CIM-Prozess nach innen und außen: Haben Sie überhaupt Handlungsbedarf? Welche Meinungen und Einstellungen müssen Sie stärken oder ändern? Welche Handlungen müssen Sie korrigieren, welche Darstellung überarbeiten?

Folgende Aufgaben können sich stellen:

■ Ihr Leitbild sollte stärker den Anforderungen des gesellschaftlichen Umfeldes Rechnung tragen.

■ Ihr Unternehmen sollte schneller auf Internet-Anfragen reagieren.

■ Ihr Unternehmen sollte kundenorientierter, flexibler, innovativer werden.

■ Ihre Geschäftspapiere sollten einem einheitlichen visuellen Erscheinungsbild entsprechen.

Die folgende Planungsphase legt fest, wie Sie diese Aufgaben lösen. Hierbei sollten Sie möglichst die Stärken zur Beseitigung der Schwächen nutzen.

Planung

In der Planungsphase entwickeln Sie den kraftvollen Gesamtplan, wie Sie die formulierten Aufgaben lösen. Die Güte dieses Plans bewerten Sie durch die Beantwortung der Frage, warum nur dieser Plan am besten geeignet ist, Ihre CIM-Probleme zu lösen – und kein anderer!

 Der Plan ist zwangsläufig und nicht beliebig!

Dieser Plan besteht aus drei zentralen Bausteinen:
1. Ziele: Was wollen Sie erreicht haben?
2. Strategien: Welche Handlungsoptionen stehen Ihnen zur Verfügung und welche davon wählen Sie aus, um bestmöglich ans Ziel zu gelangen, also mit so wenig Ressourcen als möglich?
3. Mittel und Maßnahmen: Mit welchen Instrumenten können Sie diese Ziele erreichen?

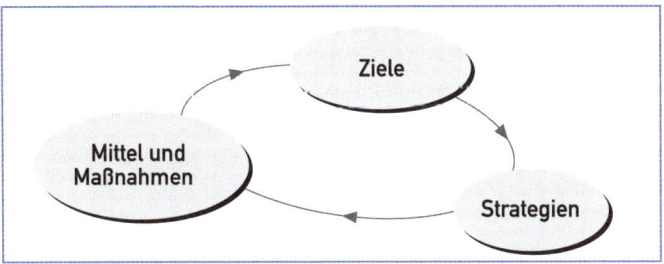

Abb. 9.7: Kernelemente der Planung

Aus diesen drei Bausteinen können Sie und andere Beteiligte alle Entscheidungen ableiten, die darauf gerichtet sind, das Lösungskonzept umzusetzen.

9.3.1 Ziele

Auf Grundlage der Aufgaben planen Sie die Lösung. Hierzu legen Sie Ihre Ziele fest, also der Zustand, den Sie erreichen möchten. Das Setzen von Zielen dient zum

- Koordinieren: Alle Aktivitäten sind auf Ihr Ziel ausgerichtet. Dies betrifft auch den Einsatz von Personal, Geld und Energie der Beteiligten.

- Kontrollieren: Durch ein präzise formuliertes Ziel können Sie prüfen, ob Sie Ihren angestrebten Zustand erreicht haben. Aussagen wie „Motivieren der Mitarbeiter" oder „Verbessern der Kundenzufriedenheit" eignen sich nicht. Durch Zwischenziele können Sie frühzeitig kontrollieren, ob Sie Ihr Ziel unter den gegebenen Umständen erreichen werden.

- Motivieren: Das Erreichen von Zielen können Sie nutzen, die Beteiligten für die weitere Arbeit anzuspornen: Eine „Belohnung" winkt, wenn das Ziel vorzeitig erreicht wird.

Daher:

 Ziele sind Voraussetzung für erfolgreiches Handeln.

Wie werden Ziele formuliert? Ziele sind Aussagen über einen angestrebten Zustand. Sie sind

- handhabbar, damit sie umgesetzt werden können.
- präzise formuliert, damit sie Grundlage für Entscheidungen sein können,
- messbar, damit sie kontrollierbar sind und
- zu einem bestimmten Zeitpunkt erreichbar, um den Erfolg bestimmen zu können.

Nur wenn diese Bedingungen erfüllt sind, lassen sich die angemessenen Umsetzungsmaßnahmen bestimmen. Je genauer Sie das Ziel formulieren, desto eher können Sie während und nach der Durchführung den Erfolg des CIM prüfen.

Das Problem ist, dass fast immer Ziele für das CIM angegeben werden, die nicht allein auf das CIM rückführbar sind oder Ziele, die nur schwer oder gar nicht zu messen sind, wie zum Beispiel „Steigerung von Motivation und Leistung der Mitarbeiter" und „Harmonisieren von Selbstbild und Corporate Image":

- Die Motivation der Mitarbeiter ist – sofern sie überhaupt messbar ist (Wie wird Motivation definiert, welches sind Zeichen für Motivation?) – von Maßnahmen des CIM ebenso beeinflusst wie von der eigenen Persönlichkeit, Erwartungen an die Berufstätigkeit, aber auch von Faktoren wie der Bezahlung und dem Kontakt zu Kollegen.
- Das Ziel, „Selbstbild und Image anzunähern", ist ebenfalls ungenau. Welches Bild nähert sich welchem Bild auf welche Weise und in welchem Umfang an?
- Selbst wenn diese Frage geklärt ist, lässt sich ein Annähern nicht eindeutig auf CIM-Prozesse zurückführen, denn Vorstellungsbilder werden nicht nur durch Aktivitäten des Unternehmens beeinflusst, sondern auch von den Massenmedien, Meinungsführern und von sozialen Gruppen.

Messbare Ziele des CIM-Prozesses können lauten:

- „Die Zahl der Kundenbesuche durch die Produktmanager wird ab sofort auf fünf pro Jahr erhöht."
- „Bis Ende des Jahres wird es einen Qualitätszirkel in Abteilung X geben."
- „In drei Monaten sind alle Mitarbeiter des Unternehmens über das Leitbild informiert."
- „Das Unternehmen reagiert innerhalb von 24 Stunden auf Internet-Anfragen."
- „Bis Ende des Jahres sind alle Geschäftspapiere in einem einheitlichen visuellen Erscheinungsbild gestaltet, in dem das Leitbild des Unternehmens zum Ausdruck kommt."

Die Zielformulierung enthält immer Aussagen über die Richtung, den Inhalt und das Ausmaß des angestrebten Zustandes.

Nicht alle Ziele sind gleich wichtig: Einige Ziele müssen schnell erreicht werden, andere erst in einem längeren Zeitraum. Es kann daher zwischen wichtigen (Oberzielen) und weniger wichtigen Zielen (Unterzielen) unterschieden werden. Und: Diese Ziele müssen natürlich zu den Unternehmenszielen passen. Ideal ist, wenn die (quantitativen) Unternehmensziele aus dem (qualitativen) Leitbild abgeleitet sind.

Solche vor allem quantitativ ausgerichteten Ziele sind

- Marktstellungsziele: Marktanteil, Umsatz, Marktabdeckung
- Kostenziele: Wirtschaftlichkeit, Produktivität
- Rentabilitätsziele: Gewinn, Kapitalrentabilität und Umsatzrentabilität

Diese Ziele dürfen nicht zu den formulierten CIM-Zielen in Widerspruch stehen.

9.3.2 Strategien

Auf welchem Weg Sie das Ziel erreichen wollen, legt die Strategie fest; dem untergeordnet sind die taktischen Maßnahmen.

Folgende Strategien sind möglich:

- Ihr Unternehmen kommuniziert sein Selbstverständnis:
  Hier zeigt die Analyse, dass das Unternehmen ein sehr
  diffuses Image bei den Bezugsgruppen hat. Dies können
  sowohl die Mitarbeiter sein und die Art und Weise, wie sie
  ihr Unternehmen wahrnehmen, als auch externe Bezugsgruppen. Die Strategie ist daher vor allem darauf gerichtet,
  Ihren Bezugsgruppen das Leitbild Ihres Unternehmens zu
  vermitteln.
- Ihr Unternehmen ändert die Wahrnehmung der Bezugsgruppen: Ihr Unternehmen bleibt wie es ist und versucht,
  Wahrnehmung, Ideale, Wünsche und Erwartungen seiner
  Bezugsgruppen zu ändern, um Sie näher an die eigene
  Position zu führen. Diesen Weg werden Sie dann beschrei-
  ten, wenn Sie Ihr Verhalten nicht ändern wollen oder können: Wenn zum Beispiel die Bezugsgruppen negativ zur
  Gentechnik eingestellt sind, diese Produktionsmethode aber
  wirtschaftlich wichtig für Ihr Unternehmen ist, können Sie
  versuchen, Ihre Bezugsgruppen über die Bedeutung von
  Gentechnik zu informieren. Dies soll deren Akzeptanz

erhöhen und Vertrauen und Verständnis für Ihr Handeln schaffen.

- Ihr Unternehmen korrigiert sein Selbstverständnis (und die Wahrnehmung seiner Bezugsgruppen): Diese Strategie könnten Sie einschlagen, wenn Sie zügige Verhaltensänderungen nicht erwarten können, wie zum Beispiel im Fall von internen Führungsproblemen. In diesem Fall beschließen Sie, Ihr Leitbild zu korrigieren und das Verhalten der Führungskräfte zu ändern. Da dies einige Zeit dauern wird, teilen Sie Ihre Pläne den Bezugsgruppen mit, damit diese die Pläne in ihrem Urteil über das Unternehmen berücksichtigen und künftiges unternehmerisches Handeln voraussehen können.

Noch ein Beispiel für unterschiedliche Strategien: Das Senken von Kosten kann zum einen erreicht werden durch verstärkte Kostenkontrollen, zum anderen durch den Aufbau eines stärkeren Kostenbewusstseins der Mitarbeiter.

Das Festlegen von Strategie und Taktik bietet Ihnen den Vorteil, dass Sie das breite Spektrum an Maßnahmen und Projekten zur Identitätsgestaltung und -vermittlung eingrenzen. Kurzfristige Maßnahmen können Sie zuverlässiger entscheiden, weil sie an der übergeordneten Strategie ausgerichtet sind.

Leitbild   9.3.3

Formulieren Sie erstmals ein Leitbild oder müssen Sie es überarbeiten, haben Sie folgende Möglichkeiten:

Das Topmanagement formuliert das Leitbild. Vorteil: dies kostet nicht viel Zeit und garantiert, dass das Leitbild den Vorstellungen der Geschäftsleitung entspricht. Nachteil: Vorhandenes Wissen und Erfahrungen im Unternehmen werden nicht genutzt. Geringe Akzeptanz, da die Mitarbeiter nicht einbezogen sind. Manche meinen, dann geht es mit Druck: Der Chef eines deutschen Unternehmens, der Manager des Jahres wurde, wird in einer Tageszeitung zitiert: „Wer unsere Strategie nicht mitträgt, hat ein Thema. Es lautet: Wie suche ich mir einen anderen Job". In der Praxis sind jedoch viele Konzepte gescheitert, weil sie den Mitarbeitern übergestülpt oder sie dazu gezwungen wurden. Diese können sich dann nicht mit dem Leitbild identifizieren und ignorieren es.

Die Mitarbeiter formulieren das Leitbild. Vorteil: Große Chance, dass das Leitbild von den Betroffenen gelebt wird. Erfahrung und Wissen der Mitarbeiter über das Unternehmen, den Wettbewerb und das gesellschaftliche Umfeld fließen ein. Nachteil: Das Topmanagement steht eventuell nicht hinter dem Leitbild, empfindet Machtverlust. Der Prozess ist sehr aufwändig. Probleme entstehen, wer Entscheidungen wann trifft. Das Leitbild wird zerredet.

Das Topmanagement erstellt den Entwurf, der im Unternehmen diskutiert wird. Vorteil: Mitarbeiter können Zustimmung und Kritik äußern, eigene Vorstellungen artikulieren und damit aktiv auf das Konzept einwirken. Nachteil: Dieses Vorgehen sichert das größte Meinungsspektrum, ist aber aufwändig. Dieser Weg hat sich dennoch am praktikabelsten erwiesen.

Deshalb:

▶ **Das Leitbild wird vom Topmanagement entwickelt und dann im Unternehmen veröffentlicht, diskutiert und umgesetzt.**

Das Leitbild stellt immerhin das angestrebte gemeinsame Selbstverständnis Ihres Unternehmens samt Werten und Normen dar. Und natürlich wollen die Menschen diese Werte und Normen mitgestalten, weil sich ihr Denken und Handeln daran ausrichten soll. Die meisten Mitarbeiter sind aber nur dann bereit, für Grundsätze, Werte und Überzeugungen einzutreten und danach zu handeln, wenn sie diese verstehen, mit ihren Inhalten übereinstimmen oder wenigstens bestimmte Regeln und Normen als notwendig erachten. Leitsätze, die am grünen Tisch vom Vorstand formuliert wurden, finden nur sehr selten die spontane Zustimmung der Belegschaft. Kein Wunder, denn das Leitbild hat weitreichende Konsequenzen: Es begrenzt häufig den Einfluss der Führungskräfte, es macht Verantwortung deutlich und enthält Vorgaben für den Führungsstil, der nun eingefordert werden kann.

Dieses Selbstverständnis niederzuschreiben scheint einfach, ist es aber nicht: Das Leitbild muss einerseits so allgemein formuliert sein, dass sich alle Mitarbeiter und externen Bezugsgruppen erkennen können; andererseits müssen die Sätze so konkret sein, dass die einzigartige Unternehmenspersönlichkeit deutlich wird – und das gelingt häufig nicht.

Anforderungen an die Formulierung des Leitbildes:
- einfache Darstellung,
- kurze, einfache Sätze,
- geläufige Wörter,
- Fachwörter erklärt,
- konkret und anschaulich.

Ist die Formulierung zu eng, kann dies den Bestand des Unternehmens gefährden, eine zu weite kann die Gefahr bergen, dass sie nicht in konkrete Aktionen umgesetzt wird oder Identitätsverluste entstehen. Häufig kommen nur allgemeine Sätze heraus, die für viele Unternehmen gültig sein können, oder aus denen niemand eine Handlung ableiten kann. Welche Orientierung sollen Sätze bieten wie „Der Mitarbeiter steht im Mittelpunkt" oder „Der Kunde ist König"?

Wie beurteilen Sie folgende Beschreibung eines Beratungs- und Systemhauses? „Nur wenn unsere Kunden Erfolg haben, können auch wir erfolgreich sein. XY erstellt zeitgemäße Konzepte und Lösungen für die Zukunftssicherung unserer Kunden. Moderne Software-Werkzeuge und Arbeitstechniken sowie langjährige Erfahrung hoch qualifizierter Mitarbeiter sind die Garanten für messbaren Erfolg."

Mitunter gibt es Gerangel unter den Führungskräften, welcher Bereich und welche Interessen starker im Leitbild berücksichtigt werden. Häufig zeigt sich in solchen Diskussionen, dass jedes Mitglied der Geschäftsführung und die Führungskräfte ihr eigenes Bild vom Unternehmen haben. Eine solche Selbstbestimmung trägt aber immer auch dazu bei, Selbstverständnis, Kompetenzen und Zuständigkeiten zu regeln.

Übrigens: Viele Tipps und Empfehlungen für die Gestaltung von Veränderungen im Unternehmen geben Bücher zu „Change Management" und Mitarbeiterbefragungen.

Das Entwickeln des Leitbildes zieht sich hin: In der Regel müssen dafür ein bis zwei Jahre aufgewendet werden. In manchen Firmen dauert es noch länger – solche Formulierungen müssen reifen:

 Erwarten Sie keine schnellen Erfolge.

Nach dem Verabschieden des Leitbildes müssen Sie die weiteren Aufgaben des CIM-Prozesses festlegen, damit das Leitbild bekannt wird und danach gehandelt wird. In der Umsetzung geht es darum, den Mix der CIM-Instrumente, das sind Corporate Design, Corporate Communication und Corporate Behaviour, so zu gestalten, dass Sie Ihre angestrebten Ziele erreichen können.

9.3.4   Bezugsgruppen

Mit dem Formulieren der Ziele und des Leitbildes legen Sie die Bezugsgruppen fest, die Sie erreichen wollen.

 CIM richtet sich nie an die Öffentlichkeit, weil sich diese aus **Einzelpersonen und Gruppen zusammensetzt!**

Unterscheiden Sie zwischen wichtigen Kernbezugsgruppen und Randbezugsgruppen, die weniger wichtig sind, aber dennoch einbezogen sein sollten. Interne Bezugsgruppen sind zum Beispiel Geschäftsführung, Führungskräfte, Mitarbeiter, Pensionäre, Auszubildende. Externe Bezugsgruppen sind Investoren, Kunden, Lieferanten, Universitäten, Kirchen, Kritische Gruppen, Bürgerinitiativen, Nachbarn.

9.3.5   Botschaften

Die Botschaften geben jene Grundaussagen wieder, die sich die Bezugsgruppen einprägen sollen. Dies kann das gesamte Leitbild sein, die Leitidee oder einzelne Leitsätze, die für bestimmte Bezugsgruppen wichtig sind, zum Beispiel:

- Für Aktionäre: Ein Unternehmen hat innovative Produkte für eine gesicherte Zukunft.
- Für potenzielle Bewerber: Das Unternehmen bietet sichere Arbeitsplätze und eine gute Altersversorgung.

■ Für Umweltgruppen: Das Unternehmen setzt recycelte Produkte ein, wo immer es möglich ist.

Botschaften können Sie gewichten als allgemeine Dachbotschaften wie „Das Unternehmen leistet einen wichtigen Beitrag für die medizinische Versorgung der Bevölkerung" und als Bezugsgruppen-Botschaften, wie zum Beispiel „Auf dem Gebiet der Alzheimerschen Krankheit suchen wir nach Heilungsmöglichkeiten".
Möglich sind auch zeitlich gestufte Aussagen, zum Beispiel für den Zeitraum von ein bis drei Jahren („Das Unternehmen befindet sich in der Konsolidierung"), von drei bis fünf Jahren („Die Konsolidierung greift; das Unternehmen befindet sich im Aufschwung"). Botschaften, die auf Bezugsgruppen zugeschnitten sind, haben den Vorteil, dass sie an deren speziellen Problemen und Fragen ausgerichtet und daher präziser sind als allgemeine Aussagen. Aber Achtung:

Aussagen an die unterschiedlichen Bezugsgruppen dürfen sich nicht widersprechen.

Dies zu erreichen, ist Aufgabe einer professionell abgestimmten Corporate Communication. Wollen Sie etwa bei Banken einen guten Eindruck durch die schillernde Darstellung des Geschäftsverlaufs hinterlassen, aber bei den Mitarbeitern durch bedrohliche Schilderungen eine Zulage einsparen, führt dies zu Irritation und Verlust an Glaubwürdigkeit. Aber denken Sie daran:

„Unternehmensbotschaften geraten nicht dadurch in Schwierigkeiten, dass man sie angreift, sondern dass man sie ernst nimmt." (R. Sprenger)

Maßnahmen 9.3.6

Neben dem Bestimmen Ihrer Bezugsgruppen und Ihrer Botschaften legen Sie die Maßnahmen fest, mit denen Sie Ihre CIM-Ziele erreichen wollen. Intern können dies Maßnahmen sein

- im Design, wie zum Beispiel das Gestalten eines visuellen Erscheinungsbildes,
- in der Kommunikation, wie zum Beispiel Info-Messen oder Diskussionsforen, eine Anzeigenkampagne oder Tage der offenen Tür,
- zum Verhalten, wie zum Beispiel die Änderung des Führungsverhaltens, die Einführung von Qualitätszirkeln, Gruppenarbeit oder Lernstätten, der Ausbau des Kundendienstes, die Optimierung des Wartungsdienstes oder des Beschwerdemanagements.

Für den Einsatz der Maßnahmen und Instrumente gibt es kein Patentrezept, aber viele Möglichkeiten. Hierin liegen zum einen der Reiz und zum anderen der Unterschied zu den Mitbewerbern. Ein gewisses unvermeidliches Risiko durch die Unvorhersehbarkeit der Wirkung haben Sie durch Ihre gute Vorarbeit minimiert.

9.3.7 Zeitplan

Für ein komplexes CIM-Projekt ist solide Zeitplanung unerlässlich. Der Zeitplan hält den Gesamtablauf sowie Einzelschritte, Maßnahmen, Termine und Zuständigkeiten fest. Dies dient dazu, Instrumente und Maßnahmen zu koordinieren und zu kontrollieren. Für die Zeitplanung gibt es viele nützliche Instrumente wie die Netzplantechnik und Computerprogramme, die eine optimale Planung des Zeitablaufs des CIM-Projektes ermöglichen.

Übrigens: Die Zeit für ein CIM-Programm richtet sich sehr nach der Unternehmensgröße und der Durchsetzungskraft des Managements. Kleinere Unternehmen haben es deshalb leichter, weil Entscheidungen schneller fallen und die Beteiligten eher einbezogen und informiert werden können. Um den Zeitplan so straff wie möglich und so ausgedehnt wie sinnvoll zu halten, sollte das Projekt über einen Lenkungsausschuss verfügen, dem ein Vorstandsmitglied oder auch mehrere angehören. Hierdurch ist das Projekt angehalten, regelmäßige Fortschritte zu zeigen.

Budget

Aus den Bestandteilen des CIM-Programms, den Instrumenten und deren Einsatz errechnen Sie die Kosten. Sinnvoll ist hierbei, einen Gesamtetat sowie Etats für Aktionen und Maßnahmen zu kalkulieren. Dies ermöglicht zum einen der Geschäftsleitung, einen Überblick über die Kosten zu erhalten; zum anderen ist es möglich, Maßnahmen zu kürzen oder hinzuzufügen. Vergessen Sie bei der Budgetplanung nicht die externen Dienstleister, wie zum Bespiel Berater und Agenturen.

Die Berechnung der Einzelkosten erschwert, dass es keine Marktpreise gibt, daher schwanken die Preise für Leistungen von Agenturen erheblich. Informieren Sie sich deshalb genau über die Agentur, ihre Erfahrungen mit CIM (viele haben nämlich keine oder nur wenige).

Umsetzung | 9.4

Corporate Design

In der visuellen Umsetzung geht es darum, das Leitbild bei der Gestaltung von Produkten und ihrer Verpackung, der Kommunikationsmittel sowie der Architektur zu vermitteln.

Am Beginn der CD-Aktivitäten entwickeln Sie verbindliche, allgemein gültige Gestaltungsrichtlinien für das gesamte Unternehmen. Zusammen mit einigen Arbeitsmitteln, wie zum Beispiel Reprovorlagen der Logos und Maßblätter der Raster, werden sie in einem Manual niedergelegt und dann möglichst breit im Unternehmen und an zuarbeitende Agenturen verteilt. Zunehmend setzt sich hierbei das rein digitale Regelwerk im Intranet durch, das auch den weltweiten Zugang im Unternehmen sicherstellt. Der Vorteil: Logovorlagen, Schrifttypen, Farbparameter, Dokumentvorlagen, Gestaltungsraster etc. sind fälschungssicher und können in höchster digitaler Präzision eingebunden werden. Ohne Qualitätsverlust werden sie kostengünstig sofort weiterverarbeitet.

Schließlich sichert dieser Weg auch die visuelle Beständigkeit und die Korrektheit des Designs.

9.4.2 Corporate Communication

Die Corporate Communication vermittelt Ihre Unternehmenspersönlichkeit durch eine widerspruchsfreie, abgestimmte Kommunikation nach innen und außen.

- In der Werbung geht es um die Gestaltung der Werbemittel. Das ist die Form einer Werbebotschaft als Anzeige, Funkspot, TV-Spot, Kinospot, Plakat, Broschüre oder als anderes visuelles Medium. Außerdem werden Werbeträger als Medium für Werbebotschaften gebucht wie Zeitschrift, Zeitung, Funk, Fernsehen, Kino, Plakate und Litfaßsäulen.

- In der Verkaufsförderung gestalten Sie typische Aktionsmittel, wie zum Beispiel Displays in verschiedener Form, Prospekte für Preisausschreiben, Zweit- und Sonderplatzierungen, Sonderpackungen, Packungen mit Zusatznutzen für den Verbraucher. Gratisproben werden verteilt und Preisausschreiben und Gewinnspiele veranstaltet.

- In den Public Relations gestalten Sie zum Beispiel die Medienarbeit für Presse, Hörfunk, Fernsehen und Fachpublikationen. Weitere Instrumente sind CI-Anzeigen, Broschüren, Filme, audiovisuelle Medien wie CD-ROM, Veranstaltungen wie Ausstellungen und Kongresse, Unterstützung von Veranstaltungen in den Bereichen Kultur, Sport, Soziales etc.

- Interne Medien sind Schwarzes Brett, Betriebsversammlungen, Mitarbeiterzeitung, Gespräche zwischen der Geschäftsführung und Mitarbeiter(-gruppen), regelmäßige Mitarbeiterbesprechungen, Einführungsschriften für neue Mitarbeiter, aktuelle schriftliche Informationen, Infodienste für spezielle Leserkreise wie Meister, Management, Vertrieb.

9.4.3 Corporate Behaviour

Im Corporate Behaviour, dem Verhalten des Unternehmens, wird das gemeinsame Selbstverständnis gelebt. Hierzu wird das gemeinsam erarbeitete Leitbild in das Unternehmen getragen und in bereichsspezifische Grundsätze transformiert – zum Beispiel für das Personalwesen. Das Formulieren der Grundsätze kann in Projekten stattfinden, in welche die Mitarbeiter einbezogen sind, da sie die Bereichsleitsätze umsetzen müssen.

Das Umsetzen des leitbildgerechten Verhaltens erfolgt meist über Führungsleitsätze, die den Führungs- und Kooperationsstil des Unternehmens beeinflussen sollen. Diese Führungsgrundsätze beinhalten Vorgaben zur Delegation von Aufgaben und Kompetenzen, gezielte Information der Mitarbeiter, Bestimmung von Zielen und Arbeitsschwerpunkten, Motivation und Förderung der Mitarbeiter, Beurteilung der Mitarbeiter, Kontrolle und Dienstaufsicht. Die Mitarbeiter werden zu selbstständigem und initiativem Handeln aufgefordert, zur Identifikation mit den Aufgaben und Zielen des Unternehmens, zu rechtzeitiger und umfassender Information der Führungskräfte, selbstständiger Informationsbeschaffung, der Bereitschaft zur Aus- und Weiterbildung, zu kollegialer Zusammenarbeit mit Vorgesetzten und Kollegen.

Um die Umsetzung der Führungsleitsätze zu unterstützen, können Sie entsprechend den Leitsätzen ein eigenes Beurteilungssystem für Führungskräfte im außertariflichen Bereich aufbauen. Leitbild und Führungsleitsätze geben außerdem Orientierung für die Nachfolgeplanung und die Besetzungspolitik. Unter Beteiligung von Führungskräften kann ein Personalbeurteilungsverfahren für alle Mitarbeiter erstellt werden. Darüber hinaus fließen die Vorgaben ein in Stellenbeschreibungen, Zielvereinbarungen im Rahmen von Mitarbeitergesprächen, in das Vorschlags- und Beschwerdewesen oder ein Gewinnbeteiligungssystem.

Das gewünschte Verhalten muss gelernt und geübt werden. Dafür ist systematisches und wiederholtes Training der Führungskräfte und Mitarbeiter erforderlich. Gerade den Führungskräften verlangt dieser Prozess einiges ab: Sie müssen sich von Statussymbolen verabschieden, mit anderen Abteilungen zusammenarbeiten. Gleichzeitig müssen sie sich zurücknehmen und stärker Verantwortung delegieren. Sie müssen lernen, Fehler zu tolerieren – auch eigene – und ihre Mitarbeiter daraus lernen zu lassen und selbst zu lernen. Kein Titel schützt mehr davor, auch von Mitarbeitern kritisch hinterfragt zu werden. Für die Mitarbeiter bedeutet das neue Selbstverständnis häufig, dass sie mehr Verantwortung tragen und eigene Entscheidungen treffen müssen. Ihre Leistung ist transparenter, dadurch sind sie stärker gefordert. Sie sollen in Teams arbeiten und sich qualifizieren. Und: Die Zeit des sicheren Arbeitsplatzes ist meist vorbei und weicht ständiger Entwicklung.

Warum nicht das Leitbild und seine Umsetzung eine Zeit lang im Unternehmensalltag proben und danach verbindlich einführen? Natürlich nur falls sinnvoll und möglich!

Besonders das Management wird in der ersten Zeit kritisch beäugt, ob es die Leitsätze ernst nimmt. Leicht vorzustellen, was passiert, wenn die Geschäftsführung neuerdings Teamarbeit propagiert, selbst aber zerstritten ist. In Unternehmen ist über Jahre ein Denken und Handeln entstanden, an dem sich die Mitarbeiter orientieren, das aber ziemlich festgefahren ist. Änderungen durch den CIM-Prozess haben da schlechte Karten.

Die Geschäftsleitung muss daher eindeutig und konsequent hinter dem Prozess stehen, vorleben und sanktionieren.

Zieht das Management nicht konsequent an einem Strang, verliert der Prozess an Glaubwürdigkeit und an Bedeutung.

9.4.4   Storytelling

Die Technik des Storytelling ist hervorragend geeignet, die Unternehmenspersönlichkeit wirkungsvoll zu vermitteln: Schon von Kindesbeinen an lernen wir die Welt durch Geschichten kennen, die wir auf dem Schoß unserer Eltern und Großeltern gehört haben. Wir erfahren, welche Konflikte es in der Welt gibt und nach welchen Regeln Menschen diese Konflikte austragen und zu lösen versuchen. Wir lernen Muster, wie jenes, dass das Gute das Böse besiegt und dass sich Hässliches in Schönes verwandeln kann, wie der Frosch, der zum Prinzen wird. So lernen wir weit mehr als das eigentlich Gesagte.

Später in unserem Leben rufen wir die aus Geschichten gelernten Muster unbewusst ab und prüfen, ob wir mit ihnen eine Situation einordnen und mit den gelernten Mustern unsere eigenen Probleme lösen können, damit wir Wohlbefinden erlangen. Ein

Beispiel ist der amerikanische Traum vom Tellerwäscher zum Millionär, der viele Menschen dazu gebracht hat, in die USA auszuwandern und dort ihr Glück zu suchen.

Auch Unternehmen und Marken lernen wir immer noch am besten kennen, wenn wir von ihnen Geschichten hören. Zum Beispiel mögen Konsumenten jene Werbung, die eine unterhaltsame Geschichte erzählt und zum Schmunzeln anregt, wie das IMAS International Kommunikationsbarometer 2005 ergab.

Geschichten eignen sich hervorragend, Fakten über ein Unternehmen interessant und manchmal sogar spannend zu verpacken. Wir mögen Unternehmen, die uns eine interessante und ansprechende Geschichte über sich erzählen: Geschichten über deren Werdegang, Geschichten über deren Arbeit und deren Leistungen, Geschichten über begeisterte Kunden, Geschichten vom Erfolg. Durch die Geschichten erfahren wir die Beweggründe, Träume und Visionen der Firmenlenker, deren Erfolge und Misserfolge, deren Zweifel und Gewissheiten, wir erfahren von den Motiven der Mitarbeiter und Kunden. Kurzum: Den Stoff, aus dem Geschichten gemacht sind.

Storytelling können kleine, mittlere und große Unternehmen in ihren PR einsetzen, aber auch Nonprofitorganisationen: So könnte Amnesty International zeigen, wie ihre Mitglieder die Mitmach-Idee der Organisation umsetzen. Die Deutsche Krebshilfe kann erzählen, wie sie den Kampf gegen diese heimtückische Krankheit führt, manchmal zurückgeworfen wird, dann aber wieder einen Schritt vorankommt.

Gute Erzählungen über ein Unternehmen fallen auf, sie sind leicht verständlich und halten das Interesse von Mitarbeitenden, Kunden, Journalisten und Geldgebern. Wer hört sie nicht gern: die Geschichte der Gründung eines Weltunternehmens in der Garage. Andere Unternehmen erzählen, wie hart sie für Qualität arbeiten, welche Hindernisse sie dabei auf welche Weise überwinden.

Wichtige Vorteile aus Sicht der Bezugsgruppen
- **Geschichten erleichtern das Einordnen neuer Informationen:** Durch umfassende Geschichten über das Unternehmen können die Bezugsgruppen neue Informationen über das Unternehmen in das vorhandene Wissen einordnen.

- Geschichten ermöglichen Orientierung: Erzählt ein Unternehmen eine Geschichte, orientiert dies die Bezugsgruppen über dessen Vergangenheit, dessen Gegenwart und dessen gewünschte Zukunft. Dies macht das Unternehmen berechenbar und zuverlässig – die Grundlage für Vertrauen ist geschaffen: Die Bezugsgruppen wissen, wofür das Unternehmen steht, welches Anliegen es hat. Auf dieser Grundlage können sie entscheiden, ob sie das Unternehmen unterstützen oder nicht.

- Die Bezugsgruppen können sich identifizieren: Spricht sie eine Geschichte stark emotional an, weil sie deren Motiven und Werten entspricht, können sie sich mit der Geschichte und den darin Handelnden identifizieren und ihren Beitrag am Erfolg der Geschichte leisten.

- Geschichten helfen, Probleme zu lösen: Geschichten zeigen auf, wie ein Unternehmen seine Probleme gelöst hat, denn Konflikte sind der Kern guter Geschichten. Die Bezugsgruppen können anhand dieser Beispiele selbst prüfen, wie sie sich verhalten würden und ob sie aus der Geschichte des Unternehmens lernen können.

- Geschichten wirken in das soziale Umfeld hinein: Gefällt den Bezugsgruppen die Geschichte des Unternehmens, können sie in ihrem sozialen Umfeld (Familie, Freunde, Arbeitsplatz) davon erzählen. Mit diesen Erzählungen treffen Menschen immer auch eine Aussage über sich selbst, denn andere erfahren, was ihnen wichtig ist und was sie anrührt.

- Geschichten unterhalten: Die Brüder Samwer begeisterten Geldgeber, Millionen in das Auktionshaus Alando zu investieren, das sie später an Ebay verkauften – da waren sie kaum älter als 20 Jahre. Hoch vermögend stiegen sie nach einiger Zeit aus und gründeten den Klingeltonanbieter Jamba. Solche Erfolgsgeschichten wirken sich auf den Börsenkurs dieser Unternehmen aus: Experten schätzen, dass 40 bis 60 Prozent des Aktienwertes durch Kommunikation von Erfolgsgeschichten bestimmt sind, so genannten „Success Stories". Viele sind gespannt, wie sich deren Erfolgsgeschichte weiterentwickelt.

9

Einige Vorteile aus Sicht des Unternehmens

- Geschichten lösen Aufmerksamkeit aus: Wenn uns jemand eine Geschichte erzählt, dann hören wir lieber zu, als wenn uns jemand eine Information neutral berichtet. Für das Unternehmen hat dies zum einen den Vorteil, dass es in der Branche auffällt; zum anderen steigert die Aktivierung durch Aufmerksamkeit die Erinnerungsleistung der Bezugsgruppen – umgekehrt: wer müde ist, lernt schlechter.

- Sie zeigen die Bedeutung einer Information: Menschen bewerten alle eingehenden Informationen danach, welche Bedeutung sie haben und welche Belohnung sie bringen. Geschichten können genau dies höchst wirkungsvoll: Sie erklären, worum es dem Unternehmen geht und welche positive Konsequenz dies für sie hat. Wie bisher können Sie Ihre Mitarbeiter informieren, dass Sie ein Arzneimittel herstellen; aber Sie können ihnen auch erklären, dass Sie dazu beitragen, dass Menschen wieder selbst bestimmt leben können. Noch einmal: Das neuronale Netzwerk von Unternehmen besteht vor allem aus der Bewertung dieses Wissens, den mit ihr verbundenen Emotionen und sogar Körperreaktionen.

- Prozesskommunikation statt Ergebniskommunikation: Bislang haben Unternehmen vor allem Entscheidungen und andere Ergebnisse kommuniziert (Ergebniskommunikation); doch diese Form der Kommunikation ist aufgrund der schnellen Entwicklungen nicht mehr zeitgemäß. Stattdessen wünschen sich die internen und externen Bezugsgruppen, vom Unternehmen auf dem Laufenden gehalten zu werden, um sich ein klares Vorstellungsbild vom Unternehmen und seiner Entwicklung zu machen (Prozesskommunikation). Storytelling ist für diese Form der Kommunikation hervorragend geeignet, denn selbst wenn es wenige Informationen gibt, erhalten diese eine Bedeutung, weil sie Teil einer Geschichte sind, die eine Fortsetzung und eine Ende hat.

- Geschichten sind sehr anschaulich: Emotional, bildhaft, bewegungsnah – das sind die Grundprinzipien von Geschichten. Jedoch geistern heutzutage viele abstrakte Begriffe durch die Unternehmen, unter denen sich nicht einmal die Manager selbst etwas Konkretes vorstellen können, und wenn, dann verstehen sie meist nicht das Gleiche darunter, wie im Fall der Begriffe innovativ, effizient und effektiv. (Machen Sie selbst den Test!). Geschichten dagegen sind sehr anschaulich und verständlich, weil sie von Menschen und deren Handeln erzählen, die für die Bezugsgruppen bedeutend und belohnend sind. Selbst wenn ein Unternehmen abstrakte Begriffe verwendet, um sich zu beschreiben, kann Storytelling helfen, diese Begriffe durch praxisnahe Beispiele zu erläutern. Wie also schlägt sich der faire Umgang miteinander in den Geschichten des Unternehmens nieder? Wie dessen Kundenorientierung?

■ **Geschichten sind glaubwürdig:** Wir beurteilen andere Menschen vor allem nach ihrem Verhalten. Das Unternehmen und dessen Mitarbeiter müssen daher durch ihr Verhalten einlösen, was sie uns versprochen haben. Anhand der Handlungen in Geschichten können sich die Bezugsgruppen davon überzeugen, dass das Unternehmen nicht nur redet, sondern auch handelt! Showing versus Telling! Zum Beispiel sprechen viele Unternehmen von der »Partnerschaft« mit den Kunden und dass sie für diese da sind. Können wir uns durch ihr Handeln davon überzeugen?

■ **Geschichten beziehen ein:** Wir müssen eine Geschichte mit-simulieren, um sie zu verstehen. Dies bezieht uns stärker ein, als es reine Sachinformationen ohne emotionalen Gehalt tun würden. Geschichten sind Erzählungen, von denen wir wissen wollen, wie sie weitergehen. Geschichten sind unter anderem deshalb wirksame Bedeutungsträger, weil wir sie spontan miterleben können. Es besteht deshalb kaum ein Unterschied zwischen erlebten und erzählten Geschichten, denn wir müssen eine Geschichte miterleben, simulieren, um sie zu verstehen. Hinzu kommt, dass Geschichten sehr effiziente Bedeutungsträger sind.

■ **Geschichten halten das Interesse aufrecht,** weil die Bezugsgruppen bei spannend erzählten Geschichten erfahren wollen, wie sie weiter geht. Von guten Geschichten können wir nicht genug bekommen.

- **Geschichten sind für alle Bezugsgruppen geeignet:** Alle Menschen sprechen auf Geschichten stärker an, die Beschäftigten, Journalisten, Geldgeber. Von Unternehmen können sich Menschen jene Geschichten aussuchen, die ihnen am besten gefallen.

- **Geschichten formen Gemeinschaften:** Bis heute wird die Geschichte von Firmengründer Bill Hewlett erzählt, der durch sein Unternehmen ging, mit seinen Mitarbeitern sprach und immer eine offene Tür für sie hatte. Carl Zeiss zerstörte Mikroskope, wenn sie nicht seinen Qualitätsansprüchen genügten. Solche Geschichten prägen bis heute das Denken und Handeln der Mitarbeitenden in diesen Unternehmen.

- **Geschichten wirken kulturübergreifend:** Storytelling kann Ihre gesamte internationale Kommunikation einbeziehen, denn Geschichten bestehen aus Mustern, die überkulturell gelernt sind.

- **Durch Geschichten lernen:** Bezugsgruppen können sich noch sehr lange an gute Geschichten erinnern, die sie stark angesprochen haben, zum Beispiel bei einem Tag der offenen Tür. Sie verankern sich nachhaltig in deren Gedächtnis und können ihnen zu bestimmten Anlässen immer wieder einfallen. Das Lernen von Geschichten wird durch ihre Bildhaftigkeit erleichtert.

- **Stark verhaltensrelevant:** Geschichten wirken durch die aufgebauten inneren Vorstellungsbilder vom Unternehmen stark verhaltensrelevant. Wie Geschichten die Energien von Menschen freisetzen können, zeigt das schon zitierte Beispiel des amerikanischen Traums, für den Millionen Menschen in die USA gekommen sind, um dort Glück und Erfolg zu finden.

Fazit: Geschichten über das Unternehmen werden wichtiger. Sie können besonders stark wirken. Geschichten können informieren und Erlebnisse mit dem Unternehmen dauerhaft verbinden (siehe ausführlich mein Buch „Storytelling").

Geißlinger/Raab heben die Wirksamkeit von Inszenierungen hervor. So wirkt beispielsweise die bloße Meldung, dass die amerikanischen Truppen in Bagdad einmarschiert sind, lange nicht so stark, wie die Bilder von Panzern und der geschleiften Statue von Saddam Hussein. Geschichten und Inszenierungen eröffnen einen Erfahrungsraum und animieren ihr Publikum so zur Teilhabe. Auf diese Weise wird den dargestellten Inhalten eine Bedeutung zugeschrieben, die durch bloße Fakten und Informationen nicht zustande käme.

9.5 | Kontrolle

In Zeiten stark begrenzter Ressourcen muss der Verantwortliche für das CIM nachweisen, welchen Beitrag er zum Erreichen der Unternehmensziele und zur Steigerung des Unternehmenswertes leistet. Und das ist gut so. Aber wann, woran und wie wird der Erfolg gemessen?

Der Begriff „Erfolg" ist subjektiv: Jeder versteht etwas anderes darunter. Daher ist es wichtig, dass die Beteiligten schon vor Beginn der CIM-Aktivitäten gemeinsam festlegen, welchen erreichten Zustand sie als Erfolg werten.

Erfolg bedeutet, dass Sie Ihre zuvor festgelegten Ziele erreicht haben. Ohne Ziel keine Erfolgskontrolle.

Haben Sie kein Ziel festgelegt oder dieses ungenau formuliert, bleibt es den Entscheidern in Ihrem Unternehmen überlassen, zum Beispiel der Geschäftsführung, wie sie das Ergebnis bewerten: Hat das CIM gute Arbeit geleistet, wenn 1.000 Imagebroschüren abgefordert wurden? Das Problem: Da im Unternehmen meist die Devise „Oben sticht unten" gilt, ist der CIM-Verantwortliche gegenüber der Meinung seines Chefs in der schwächeren Position. Um also die Einschätzung nicht auf die Beziehungsebene, sondern auf die Sachebene zu verlagern, ist es zwingend, zwischen den Beteiligten die Ziele festzulegen.

Legen Sie die Ziele des CIM-Prozesses fest und stimmen Sie diese mit den Beteiligten ab.

Zeitpunkte

Pretest („Vortest"): Mit einem Pretest können Sie Maßnahmen vor einer Kampagne oder einer Aktion bewerten. Diese Ergebnisse können Sie vergleichen mit den Werten nach der Kampagne. Ein Pretest kann auch ein Instrument testen, bevor es in einer groß angelegten Aktion eingesetzt wird, zum Beispiel eine Imageanzeige. Hierzu stellt eine möglichst unabhängige Person Mitgliedern der Bezugsgruppen das Instrument vor und fragt sie nach deren Meinung. So kann zum Beispiel vor dem Veröffentlichen einer Image-Broschüre getestet werden, ob Inhalt und Gestaltung tatsächlich den Wünschen und Erwartungen der Bezugsgruppen entsprechen. Um möglichst zuverlässige Ergebnisse zu erhalten, sollten Vertreter aus möglichst allen Bezugsgruppen am Pretest beteiligt sein. Jedem Teilnehmer werden die gleichen Fragen gestellt und deren Antworten und Meinungen sorgfältig notiert und ausgewertet.

Laufende Untersuchung (In-Between-Test): Sie beantwortet die Frage, ob sich Ihr Prozess wie gewünscht entwickelt und die Maßnahmen wie geplant laufen. Durch fortlaufendes Prüfen und Kontrollieren erkennen Sie Schwachstellen und können ihr Handeln flexibel anpassen. Hierbei helfen Ihnen die formulierten Zwischenziele, die Sie während der Aktion oder Kampagne prüfen und hernach eventuell Maßnahmen korrigieren und neue hinzufügen.

Nachträgliche Untersuchung („Post-Test"): Sie untersucht die Frage, ob eine Prozessphase oder eine Kampagne erfolgreich war und was Sie beim nächsten Mal besser machen können. Vor allem interessiert, ob Sie Ihre Bezugsgruppen erreicht und die angestrebte Wirkung hinterlassen haben.

Instrumente

Mit welchen Methoden können Sie die Bewertungen durchführen?

Persönliche Beurteilung: Eine persönliche Beurteilung erfolgt zum Beispiel anhand der Hinweise von Mitarbeitern und Kollegen, beobachtbaren Verbesserungen im Betriebsklima, externen Stellungnahmen aus dem Beschwerdemanagement sowie Leserzuschriften, Hörerpost, Anrufen und Briefen. Diese Methode kostet

Sie zwar kein Geld, bietet Ihnen aber kein zuverlässiges Bild des tatsächlichen Geschehens: Vielleicht schreiben Mitarbeiter nur dann Briefe an die Geschäftsleitung, wenn sie das Unternehmen besonders positiv oder negativ beurteilen. Fazit: Einzelmeinungen lassen sich meist nicht verallgemeinern. Dennoch sollten Sie natürlich eingehende Beschwerden ernst nehmen.

Systematische Studien: Zuverlässig können Sie den Erfolg Ihres CIM nur durch systematische Studien bewerten. Hierunter fallen Imagestudien, Mitarbeiterbefragungen und Interviews durch Meinungsforschungsinstitute, die Ihre Bezugsgruppen direkt zur Bekanntheit und zum Vorstellungsbild Ihres Unternehmens befragen.

Instrumente der Erfolgskontrolle

	Erläuterung	Beispiele
Befragung	**Annahme:** Die Auskunftsperson kann auf Fragen die interessierenden Antworten geben.	**Offenes Interview:** Es gibt (fast) keine Fragevorgabe, nur das Thema wird genannt. Der Fragende ist offen für alles, was ihm die Auskunftsperson mitteilen kann/möchte.
	Vorteil: Leicht erfassbar.	**Leitfadeninterviews:** Sie enthalten fünf bis zehn Leitfragen, die das Gespräch strukturieren und die Vergleichbarkeit der Ergebnisse erleichtern.
	Nachteil: Aussagen der Person müssen nicht zutreffen, wie im Fall unbewusster und sozial unerwünschter Antworten.	Beispiele für Leitfragen:
		• Welche Meinung haben Sie über das Unternehmen?
	Befragungen unterscheiden sich nach dem Umfang der Vorgaben durch den Forscher: Möglich sind allgemeine Themen bis hin zu konkreten Einzelfragen.	• Was erwarten Sie künftig von ihm?
		• Was gefällt Ihnen an dieser Broschüre insgesamt, was nicht?
		• Wie ist Ihre Meinung beim Durchblättern?
	Befragungen können mündlich, schriftlich, telefonisch und elektronisch durchgeführt werden.	• Was lesen Sie, was nicht?
		• Was fällt Ihnen besonders auf?
		Standard-Fragebogen: Dieser listet konkrete Fragen auf und gibt der Auskunftsperson wenig Freiraum bei der Beantwortung.

Beobachtung	**Prinzip**: Erfasst das Verhalten von Menschen. **Vorteil**: Leicht zu erfassen. **Nachteil**: Keine Aussagen über Gründe und Motive des Verhaltens möglich. Daher sind auch nur schwer Aussagen über künftiges Verhalten möglich.	**Print**: Blättern die Leser die Broschüre nur durch, lesen sie einzelne Seiten oder lesen sie jede Seite intensiv? **Online**: Wie verhalten sich Menschen beim Surfen auf der Website: Wie schnell gehen sie vor? An welchen Stellen verweilen sie? **Veranstaltung**: Wie verhalten sich die Teilnehmer einer Veranstaltung, zum Beispiel auf einer Analystenkonferenz: Beteiligen sich alle, viele oder nur wenige? **Medienbeobachtung**: Was haben die Medien veröffentlicht? Welche Aussagen stehen im Vordergrund? Mit welchem Tenor? In welchen Medien? **Auswertung von Leserzuschriften, Hörerpost und Briefen**
Experiment	Herstellen einer künstlichen (Labor-)Situation zur Beantwortung der Forschungsfrage, um störende Außeneinflüsse zu vermeiden.	**Protokoll lauten Denkens:** Menschen „denken laut" beim Blättern in einer Broschüre oder dem Surfen im Internet. **Schnellgreifbühne**: Menschen sollen aus mehreren Broschüren spontan drei bis fünf Favoriten wählen.
Spezialform: Panel	**Prinzip**: Regelmäßig wieder-holte Befragungen der gleichen Personen aus einer Bezugsgruppe. Dies kann Auskunft geben über die Entwicklung der Meinungen der Bezugsgruppe.	**Mögliche Fragen:** • Was hat sich in den letzten Ausgaben der Broschüre geändert? • Welche Meinung hatten Sie, welche haben Sie heute?

Abb. 9.8: Instrumente der Erfolgskontrolle

Solche Studien sind zwar organisatorisch und finanziell aufwändig, aber was nutzt Ihnen eine Maßnahme, die jährlich einige tausend Euro kostet, aber von der Sie nicht wissen, ob sie von den Mitarbeitern genutzt und wie sie bewertet wird.

Die Studien können Sie von externen Dienstleistern wie Instituten, Beratern und Agenturen durchführen lassen. Der CIM-Experte ist zuständig für Konzeption, Koordination und Kommunikation. Diese Arbeitsteilung sorgt dafür, dass Zeit, Geld und Personal optimal eingesetzt sind. Das Budget für die Studien wird möglichst fest in den Projektetats verankert. Steht kein Geld bereit, können Sie versuchen, mit Bordmitteln auszukommen nach dem Motto:

 So sorgfältig wie möglich, so aufwändig wie nötig.

Reflexion

- Entwickeln Sie die Bausteine für Ihr Konzept für Ihr Corporate Identity Management aus den vier Phasen des CIM-Prozesses.

- Formulieren Sie sorgfältig Ziele, Strategien, Mittel und Maßnahmen für Ihr CIM.

- Prüfen Sie, wie Sie die Technik des Storytelling für die Vermittlung Ihrer Unternehmenspersönlichkeit nutzen können.

Organisation des Corporate Identity Managements

Zur gezielten, systematischen und langfristigen Gestaltung des eigenen Selbstverständnisses gehört ein professioneller Managementprozess.

10

In diesem Kapitel erfahren Sie,

wie Sie die erforderlichen organisatorischen Voraussetzungen schaffen, damit dieser Managementprozess optimal verläuft.

Professionelles CIM ist an organisatorische Voraussetzungen gebunden: Diese betreffen die beteiligten Personen, Rollen und Verantwortlichkeiten, Prozesse, Strukturen, die eingesetzte Informationstechnologie sowie die Kommunikationskultur. Da die Gestaltung des gemeinsamen Selbstverständnisses über die Unternehmenspersönlichkeit die Unternehmenspolitik direkt betrifft, muss die Geschäftsleitung Ihr CIM tragen und unterstützen – dies umfasst ein klares Ja zum CIM, frühzeitige und umfassende Informationen und Entscheidungen sowie den ausreichenden Etat.

10.1 Menschen

Die Zahl der Beteiligten am CIM ist wichtig, weil dies über Ihre Leistungsfähigkeit des CIM entscheidet. Sind Sie alleine oder steht Ihnen nur ein kleines Team zur Verfügung, könnte Sie externe Hilfe vorübergehend oder dauerhaft unterstützen.

Wichtig sind auch Ausbildung und Erfahrung der Beteiligten: Sind die Mitarbeiter ausgebildete Profis oder Quereinsteiger? Wie wird im Fall des Quereinstiegs gewährleistet, dass die Mitarbeiter im CIM durch angemessene Ausbildung professionell arbeiten und nicht überfordert sind?

Die Ausbildung des CIM-Verantwortlichen ist besonders wichtig: CIM ist eine zukunftsgerichtete, anspruchsvolle Managementaufgabe, die vielfältige Qualifikationen erfordert:

- Fachkompetenz: Grundlagen der Kommunikation, Kenntnisse in Betriebswirtschaft, um den Gesamtzusammenhang des CIM und dessen Wertschöpfung für das Unternehmen bewerten zu können.
- Methodenkompetenz: Vernetztes Denken, strategisches Denken, Handlungsorientierung.
- Sozialkompetenz: Kommunikationsfähigkeit mit den vielen internen und externen Kommunikationspartnern, Kenntnisse in Teambildung.

Da es keine geregelte Ausbildung zum CIM-Manager gibt, müssen sich die Verantwortlichen diese Kompetenzen stückweise aneignen.

CIM hilft, die Unternehmensziele zu erreichen. Die Stellung der Abteilung oder des beauftragten Mitarbeiters innerhalb des Unternehmens ist für den Erfolg der Arbeit von entscheidender Bedeutung: Die Verantwortlichen müssen in den internen Informationsfluss und die Meinungsbildung eingebunden sein. Ist die Funktion irgendwo im Unternehmen angesiedelt, zum Beispiel als unbedeutendes Anhängsel der Marketingabteilung, kann sie ihre Aufgaben nicht optimal erfüllen: Zu lange dauert es, bis Informationen, wenn überhaupt, zum Verantwortlichen gelangen; zu gering sind seine Chancen, Entscheidungen herbeizuführen, die für seine Arbeit wichtig sind. Stattdessen sollte die CIM-Funktion organisatorisch bei der Unternehmensführung angesiedelt sein – zum Beispiel als Stabsstelle der Unternehmensleitung.

Diese Zuordnung hat vor allem folgende Vorteile:
- CIM wird ernst genommen: Die Stabsstelle zeigt nach innen und außen, wie bedeutend das CIM ist.
- Informationen sind früher verfügbar: Trifft die Unternehmensleitung wichtige Entscheidungen, können diese frühzeitig an die Mitarbeiter und externe Bezugsgruppen weitergegeben werden.
- Entscheidungswege sind kürzer: Entscheidungen über wichtige Maßnahmen können notfalls auch kurzfristig getroffen und ständig aktualisiert werden.
- Ihre Meinung fließt in Entscheidungen ein: Es wird immer wichtiger werden, die Signale des Umfeldes aufzunehmen und gezielt in die Entscheidungen des Unternehmens einfließen zu lassen (siehe Kap. 1). Ein enger Kontakt zwischen dem CIM-Verantwortlichen und der Geschäftsleitung kann dies sicherstellen.

Diese Vorteile spüren CIM-Manager in kleinen und mittleren Unternehmen viel schneller als Kollegen in großen Firmen, in denen Entscheidungswege oft viel länger und Diskussionen zäher sind.

Wichtig ist auch, dass der CIM-Manager Achtung, Vertrauen und Wertschätzung der Geschäftsleitung erfährt. Gilt er als inkompetent, hat er von vornherein geringe Chancen, die Gestaltung des gemeinsamen Selbstverständnisses des Unternehmens ernsthaft und professionell zu betreiben. Auch die Chemie zwischen CIM-Manager und Geschäftsführer muss stimmen: Immerhin müssen auch diese beiden eng und vertrauensvoll zusammenarbeiten.

10.3 Prozesse

Prozesse sind Handlungsketten mit definiertem Ergebnis. Für das CIM sollen angemessene Prozesse die Ausrichtung an der Unternehmensstrategie und den Unternehmenszielen sicherstellen sowie die erforderliche Aktualität, die Internationalisierung und das widerspruchsfreie Auftreten gewährleisten.

Geeignete Prozesse müssen gezielte Koordination und Kontrolle ermöglichen und die übergreifende Zusammenarbeit stärken. Dies ist zum Beispiel deshalb notwendig, damit sich alle Beteiligten auf gemeinsame Kommunikationsaussagen einigen und diese angemessen umsetzen. Netzwerke und Workshops spielen hierbei die herausragende Rolle.

Wiederkehrende Prozesse könnten Sie schriftlich festhalten (SOPs, Standard Operating Procedures). Damit werden sie verbindlich und jeder kann sie nachlesen.

10.4 Rollen und Verantwortlichkeiten

Dauerhaft kann sich der CIM entwickeln, werden verantwortliche Funktionen eingerichtet sowie Rollen und Verantwortlichkeiten geklärt. In den meisten Unternehmen geschieht dies nicht sorgfältig genug, was dazu führt, dass keiner weiß, wer für etwas zuständig und wer verantwortlich ist. Definieren Sie daher möglichst früh Schlüsselrollen und Kompetenzen von Entscheidungsträgern, grenzen Sie diese klar ab, kommunizieren diese und verankern sie im Unternehmen.

Wichtig ist, dass es einen Ansprechpartner gibt, dessen Namen die Mitarbeiter kennen.

- Der CIM-Manager ist ständiger Verantwortlicher für die Gestaltung und Entwicklung des CI-Prozesses. In kleineren und mittleren Unternehmen übernimmt diese Aufgabe oft der Inhaber, der Geschäftsführer oder ein Assistent der Geschäftsleitung. In größeren Unternehmen gibt es einen eigenen Mitarbeiter hierfür, der dies eventuell mit einem Teil seiner Arbeitszeit betreibt. Der CIM-Manager leitet aus den kurz-, mittel- und langfristigen Unternehmenszielen die Ziele des CIM-Prozesses ab. Er sucht Mitarbeiter aus und setzt sie angemessen ein, um die CIM-Ziele zu erreichen. Er stimmt sich mit den anderen Funktionen im Unternehmen ab. Er steuert und kontrolliert den CIM-Prozess, damit dieser den Unternehmenswert steigert.
- Der Sponsor in der Geschäftsführung, am besten der Vorstandsvorsitzende, sichert die erforderliche Unterstützung des Topmanagements.
- Unterstützende Funktionen sind zum Beispiel die Weiterbildungsabteilung, die Personalabteilung, die Finanzabteilung und die Grafikabteilung.
- Verantwortliche in Gremien: Jedes Gremium bestimmt den Verantwortlichen, der für jede Sitzung festhält, welche relevante Information entstanden ist und ob diese intern oder extern weitergegeben wird.

Informationstechnologie

10.5

Die Informationstechnologie spielt für das CIM eine wesentliche Rolle: Zum einen unterstützt sie die Durchführung durch angemessene Hardware (Computer, Drucker, Scanner etc.) und Software (Textverarbeitung, Grafikprogramm, Adressenverwaltung etc.); zum anderen ist sie Plattform, auf der Sie mit Ihren Bezugsgruppen reden und auf der Sie Gestaltungselemente anbieten können.

Die allgemeine Frage der angemessenen Informationstechnologie für das CIM ist hier schwer zu beantworten: Hardware und Software ändern sich zu rasch.

10.6 Zusammenarbeit mit Agenturen

Agenturen spielen für das CIM eine wichtige Rolle: Sie unterstützen die Verantwortlichen bei der strategischen Ausrichtung und setzen Maßnahmen um.

Die Zusammenarbeit gestaltet sich in der Praxis mitunter schwierig: Die Unternehmen möchten von den Agenturen eine möglichst preiswerte Leistung, die sich nach ihren Wünschen richtet. Diese Vorstellungen sind oft mehr als vage, was die Agenturen verunsichert.

Die Agenturen möchten meist große Etats übernehmen und in langfristige Kampagnen eingebunden sein. Dabei wollen sie möglichst große Gestaltungsspielräume, was wiederum häufig zu Spannungen mit den Unternehmen führt, wenn diese mit dem Vorgehen der Agenturen nicht einverstanden sind.

10.6.1 Auswahl

Für die Auswahl der richtigen Agentur folgende Empfehlungen:
- Die Agentur sollte anerkennen, dass sie Ihr Dienstleister ist: Immerhin sind es Ihre Probleme, die die Agentur mit Ihrem Geld lösen soll. Sie sind es, der über die erforderlichen Kenntnisse über das Unternehmen, sein Umfeld und seine Bezugsgruppen verfügt (was natürlich nicht bedeutet, dass dies die Agentur nicht kritisch hinterfragen sollte). Ganz wichtig:

▶ **Letztlich zählt Ihre Entscheidung. Lassen Sie hierbei Kopf und Bauch entscheiden.**

- Überlegen Sie genau, was Sie von einer Agentur wollen – und was nicht. Schreiben Sie dies auf und geben Sie dies auch der Agentur. Generell gilt meist:
  - Die Agentur sollte fachkundig sein und schon einige unterschiedliche CIM-Prozesse erfolgreich durchgeführt haben.
  - Die Agentur sollte ein strategisches Konzept entwickeln und die Maßnahmen kreativ umsetzen können.
  - Die Agentur sollte Sozialkompetenz besitzen, um die Zusammenarbeit der beteiligten Funktionen im Unternehmen angemessen zu koordinieren. Hierzu gehören Kommunikationsfähigkeit, Teamfähigkeit, Knowhow in der Wissensvermittlung und im Umgang mit zwischenmenschlichen Konflikten.
  - Sie sollte über Methodenkompetenz verfügen, vor allem in Prozessen und im Projektmanagement.
- Laden Sie mehrere Agenturen ein (drei bis fünf). Lassen Sie sich Arbeitsbeispiele vorstellen und – gegen Honorar – eine Konzeptidee (Ideenskizze) entwickeln, anhand derer Sie das geplante Vorgehen erkennen können. Wählen Sie dann sorgfältig aus. Hierbei hilft ein Kriterienkatalog, in den Sie die wichtigen Merkmale aufnehmen, über die die Agentur bzw. deren Leistung verfügen muss (kreativ, vorausschauend, kostengünstig etc.).
- Die Beziehungsebene spielt die zentrale Rolle für die Zusammenarbeit mit der Agentur. Sie sollte daher persönlich verlaufen – Studien zufolge entscheiden sich 80 Prozent der Unternehmen für die sympathischste Agentur. Prüfen Sie daher, ob die Chemie stimmt und die Agentur zu Ihnen passt. Prüfen Sie auch, ob die Agentur zu Ihrem Unternehmen passt. Immerhin muss sie oft die Lösungen der Geschäftsleitung vorstellen und mit ihr diskutieren.
- Achten Sie darauf, wie stark die Agentur versucht, sich in Ihre Situation hineinzuversetzen. Oft ist dies nicht der Fall. Der Auftraggeber ist dann verwundert, wenn die Agentur

schon eine Lösung entwickeln will, obwohl sie das Problem noch nicht verstanden haben kann.

- Sie sollten über die Kenntnisse und Fähigkeiten verfügen, die Agenturleistung bewerten zu können.
- Achten Sie darauf, ob und wie schlüssig die Agentur die vorgestellte Konzeptlösung begründet.
- Die Konzepte sollten höchste Individualität besitzen – also keine Standardlösungen!
- Achten Sie bei der Zusammenarbeit unbedingt darauf, alle Absprachen möglichst sorgfältig schriftlich festzuhalten, zum Beispiel in Gesprächsprotokollen, Verträgen etc.
- Gestalten Sie den Vertrag so, dass Sie stets die Zusammenarbeit beenden können, wenn diese problematisch ist. Trennen Sie die Konzept- und die Gestaltungsphase, weil die meisten Agenturen nicht beides gut können.

10.6.2   Briefing

Das A und O der guten Zusammenarbeit ist das aussagekräftige Briefing. Das Briefing ist die schriftlich festgehaltene Zusammenstellung aller Informationen, die zur Erfüllung der Konzeptionsaufgabe erforderlich sind. Das Briefing wird in der Regel zunächst mündlich vorgetragen, erläutert und dann schriftlich festgehalten und ausgehändigt, um Missverständnisse zu vermeiden und nachschlagen zu können.

Die Qualität des Briefings entscheidet wesentlich über das Ergebnis des entwickelten Konzeptvorschlags. Daher gilt:

 Das Konzept kann nur so gut sein wie das Briefing.

Inhalt des Briefings sind Informationen zum Auftrag, dem Problem, zum internen und externen Umfeld, den Unternehmenszielen, zu Bekanntheit und Image, Produkten, Budget und zum Zeitrahmen.

Ein gutes Briefing zeichnet sich dadurch aus, dass der Auftraggeber alle wichtigen Informationen offen und anschaulich vermittelt und dass der Auftragnehmer fachkundig und einfühlsam fragt. Für Ihr CIM bedeutet dies:

⚡ Versetzen Sie sich in die Rolle der Agentur und überlegen Sie, welche Informationen die Agentur für die Erfüllung Ihrer CIM-Aufgabe braucht. Halten Sie dies schriftlich und in übersichtlicher Form fest. Das Briefing dauert meist eine bis eineinhalb Stunden.

Konzeptpräsentation 10.6.3

Die Agentur präsentiert ihr Konzept vor den Entscheidern. Die Präsentation dauert zwischen 20 und 45 Minuten, je nach Problem und Situation. Sie sollten den Zeitrahmen unbedingt früh genug mit allen Beteiligten abstimmen und vor der Präsentation wiederholen. Dies gilt damit als Spielregel und kann Ausschlusskriterium für die Agentur sein, zum Beispiel weil sie die Lösung nicht auf den Punkt bringt.

⚡ **Ein Überschreiten des Zeitplans zeugt von mangelhaftem Zeitmanagement, was Sie eventuell im Fall der Auftragserteilung später teuer zu stehen kommt.**

Sie sollten vor der Präsentation klären, welche Schwerpunkte präsentiert werden: der strategische Ansatz, die operativen Maßnahmen oder beides gleichermaßen. Die Aktionisten bevorzugen die Präsentation der Maßnahmen, die Planer den strategischen Ansatz.

Prüfen Sie die präsentierte Lösung anhand Ihres Kriterienkatalogs und entscheiden Sie, welche Agentur sowohl auf der Sachebene und als auch auf der Beziehungsebene am besten zu Ihnen passt. Fragen Sie die Agentur, welche Alternativen es gab und warum die vorgestellte Lösung die beste aller möglichen Lösungen ist. Bedanken Sie sich bei den anderen Agenturen für den Entwurf der Ideenskizze und für die Präsentation.

Reflexion

- Legen Sie fest, welche organisatorischen Konsequenzen Ihr CIM und das Konzept für Ihr CIM hat.

- Erstellen Sie ein Briefing, in dem Sie eine (fiktive oder reale) Agentur über Ihren Prozess informieren.

- Formulieren Sie Fragen, die eine Agentur an Sie haben könnte und antworten Sie.

Erfolgsvoraussetzungen

Es gibt kein Erfolgsrezept für erfolgreiches Corporate Identity Management. Aber es gibt einen reichen Erfahrungsschatz, damit sich Fehler vermeiden lassen – aus Schaden sollte man wenigstens klug werden. Interessanterweise weisen Studien immer wieder auf die gleichen Voraussetzungen hin, damit CIM gelingt:

- Die Geschäftsleitung, Führungskräfte und Mitarbeiter sind über den Begriff CIM, das Konzept sowie seine Chancen und Grenzen gut informiert.

- Die Firmenleitung steht voll und ganz hinter dem CIM.

- CIM wird ernsthaft und nicht halbherzig und unprofessionell betrieben.

- Organisation und Planung liegen in den Händen eines ressortübergreifenden Teams oder einer Stabsstelle.

- Verantwortlichkeiten sind geklärt, Kompetenzen sind eindeutig geregelt, um Uneinigkeit über Ziele und Maßnahmen zu vermeiden.

- Ein eigener und ausreichender Etat steht zur Verfügung. Die benötigten Mittel dürfen nicht von anderen laufenden Etats, zum Beispiel dem Werbeetat, abgezweigt werden.

- CIM wird als langfristiges, geordnetes und systematisches Vorgehen verstanden. Dem CIM liegt eine ganzheitliche Sicht zugrunde.

- Das CIM-Programm beteiligt die Mitarbeiter und weist ihnen Verantwortung im Prozess zu.

- Grundlage des CIM ist die aktuell gelebte Unternehmenskultur, die sorgfältig aufgedeckt werden muss.
- Weitere Grundlage ist das Leitbild, das alle Mitarbeiter kennen und tragen, in dem das angestrebte gemeinsame Selbstverständnis formuliert ist.
- CIM-Ziele sind nicht nur marktgerichtet, sondern beziehen auch interne und gesellschaftliche Ziele ein.
- Die drei Instrumente – Design, Kommunikation und vor allem Verhalten – sind stimmig und werden auch in der Praxis gelebt.
- Die Erfolge und Fortschritte des CIM-Prozesses werden verfolgt.
- Die Unternehmenspersönlichkeit entwickelt sich mit den internen Veränderungen und den Wandlungen von Märkten und Gesellschaft.

Abb. 10.1: Faktoren für gelungenes CIM

Identitätsmanagement von Unternehmen und Marken

11

Künftig wird es aufgrund der Entwicklungen im Markt, in den Unternehmen und in der Gesellschaft immer wichtiger, das Selbstverständnis über die Unternehmenspersönlichkeit und die Produktpersönlichkeiten (Marken) integriert zu gestalten.

In diesem Kapitel erfahren Sie,

wie Sie einen einheitlichen Unternehmensauftritt gewährleisten und Synergien nutzen, damit ein starkes Image entstehen kann.

Viele Unternehmen sind komplexer geworden, viele sind Teil eines Unternehmenssystems, meist eines Konzerns, der Einzelfirmen miteinander verbindet. Hierbei können die Einzelunternehmen in unterschiedlicher Beziehung zueinander stehen:

- **Eigenständige Persönlichkeiten:** Jedes Einzelunternehmen hat eine eigene, unverwechselbare Unternehmenspersönlichkeit, deren Profil auf das Bedürfnisprofil der Bezugsgruppen exakt ausgerichtet ist, vor allem auf die Kunden. Vorteile sind, dass es keine negative Ausstrahlung auf ein anderes Einzelunternehmen oder das Konzerndach gibt; der Koordinationsaufwand bei Um- oder Neupositionierungen des Unternehmens ist gering. Jedoch sind die Kosten vergleichsweise hoch, da das Unternehmen keine Gemeinschaftseffekte nutzen kann.

- **Mehrere eigenständige Persönlichkeiten:** Die Einzelunternehmen des Konzerns haben unterschiedliche Merkmale, die sich aber nicht widersprechen. Das CIM beschränkt sich auf die Einzelunternehmen. Synergien entstehen nicht. Ein Beispiel ist der Tierfutterhersteller EFFEM, der zum Masterfood-Konzern gehört. Ein anderes ist der Volkswagen-Konzern, der mit den Marken Bentley, Audi, Volkswagen, Seat und Skoda mehrere Preissegmente abdeckt. Das Problem ist, dass der Name Volkswagen früher starke und eindeutige Assoziationen hervorrief; heute ist dies nicht mehr so, denn Volkswagen bietet billige und teure Autos, schnelle und langsame, wirtschaftliche und sportliche. Das Profil hat an Prägnanz verloren!

- **Konzern als Dachmarke:** Alle zum Konzern gehörigen Unternehmen übernehmen die Merkmale der Dachmarke. Beispiele sind die „World of TUI" oder der englische Konzern Virgin, dessen Unternehmenspersönlichkeit eng an den Gründer Richard Branson angelehnt ist und auf über 200 Unternehmen übertragen wird, darunter eine Fluggesellschaft, Cola und Brautkleidung. Vorteil ist, dass die Unternehmen das Image der Dachmarke nutzen können und gleichzeitig die einzelnen Unternehmensimages die Dachmarke stützen. Nachteil ist, dass Imageprobleme der Dachmarke auf alle Unternehmen wirken – und umgekehrt.

- Unterschiedliche, widersprechende Persönlichkeiten: Die Unternehmen des Konzerns haben unterschiedliche Unternehmenspersönlichkeiten, die sich teilweise widersprechen. Beispiel wäre, wenn der Chemiekonzern auch Naturkost anbietet und das Edelunternehmen auch Billigprodukte.

Hilfreich ist es, die Unternehmensarchitektur übersichtlich niederzuschreiben und zu prüfen, was dies für das CIM bedeutet.

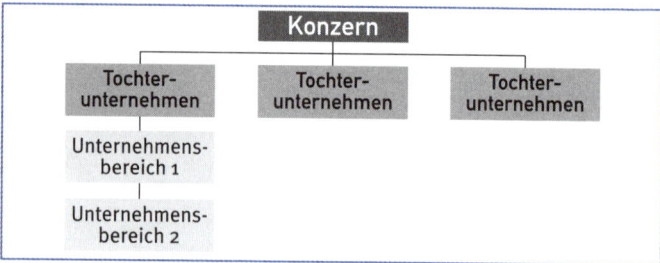

Abb. 11.1: Beispiel für Unternehmensarchitektur

Um das Verhältnis der Unternehmen zueinander zu bestimmen, helfen wieder Vergleiche mit Menschen:

- Gehören alle Unternehmen zu einer Familie? Wenn nein, welche nicht?
- Wer sind die Eltern? Ein Konzern?
- Wer sind die Geschwister? Wer sind die näheren und weiteren Verwandten?
- Welche Gemeinsamkeiten haben die Familienmitglieder?
- Oder unterscheiden sie sich, obwohl sie noch klar als Familie zu erkennen sind?
- Gibt es Außenseiter?

Ein anderer Vergleich wäre jener mit den Spielern eines Sportteams: Es gibt dominante Spieler, aber auch solche, die eher zurückhaltend sind, aber eine wichtige, stabilisierende und ausgleichende Rolle spielen.

Durch solche Vergleiche können Sie sich Klarheit über die Unternehmensstruktur Ihres Konzerns verschaffen und die Beziehungen glaubhaft kommunizieren – Grundlagen sind die jeweiligen Unternehmenspersönlichkeiten und deren Merkmale.

Unternehmen und Marken 11.2

Das Zusammenspiel der Persönlichkeiten von Marken und Unternehmen wird immer wichtiger: Das Image der starken Unternehmenspersönlichkeit wirkt sich positiv auf das (neue) Produkt aus; umgekehrt wird auch das Unternehmen positiver erlebt, wenn die Bezugsgruppen positive Vorstellungen von seinen Produkten und Leistungen haben (siehe ausführlich Kap. 1).

Entscheidend ist, dass sich die Images von Unternehmen und Produkten nicht widersprechen! Vergleichen Sie daher die festgeschriebenen Persönlichkeitsmerkmale von Unternehmen und Produkten in den jeweiligen Leitbildern.

▶ **Kein Widerspruch zwischen den Persönlichkeiten von Produkten und Unternehmen.**

Folgende Beziehungen sind zwischen Unternehmen und Marken möglich:

- Marken stehen im Vordergrund, wie im Fall von Rama, Unox und Lätta von Unilever. Diese Form eignet sich, wenn Marken unterschiedlich positioniert sind, wie etwa im Fall des Konzerns EFFEM und seinen Marken Whiskas, Kitekat und Sheba. Sie kann gewählt werden, wenn von den Mitarbeitern für die Marke X ein anderes Markenverhalten erwartet wird als für die Marke Y, obwohl beide zum selben Unternehmen gehören und Gemeinsamkeiten im Sinne der Unternehmenskultur erwartet werden, um Synergien zu nutzen.
- Die Unternehmenspersönlichkeit ist Dach über den Produkten: Viele Markenimages sind durch das Unternehmensimage geprägt, wie im Fall von Microsoft (Of-

fice), Siemens (Handys), DaimlerChrysler (Smart). In jeder Leistung drückt sich das Selbstverständnis des Unternehmens aus: Versteht es sich als Qualitätsanbieter, müssen alle Angebote durch ausgewählte Qualität, edle Verpackung und exzellenten Service angereichert sein sowie durch anspruchsvolle Werbung differenziert angepriesen werden. BMW sollte also kein Billigmodell auf den Markt bringen, um japanischer Konkurrenz Paroli zu bieten. Besonders stark kann das Unternehmensdach als Vertrauensanker wirken, wenn dieses direkt an die Führungspersönlichkeiten gekoppelt ist, wie bei Otto, Hipp und Virgin.

- Marken und Unternehmenspersönlichkeit stützen sich gegenseitig: Bei Dienstleistungsunternehmen wie Roland Berger oder den Holiday-Inn-Hotels steht der Unternehmensname zugleich für die Einzelleistungen. Dies hat den Vorteil, die Einzelleistungen mit einem hohen Vertrauensbonus ausstatten zu können. Ist der Kunde mit der Leistung zufrieden, profitiert das Unternehmen in hohem Maß.

In jedem Fall gilt, dass Unternehmens- und Produktpersönlichkeit nicht konkurrieren dürfen, da sonst kein klares und starkes Image entsteht. Dies weist erneut darauf hin, dass es sich beim CIM um einen internen Managementprozess handelt, der sorgfältiges Koordinieren erfordert (siehe Kap. 9 und 10).

Fazit: Die Ausrichtung der Unternehmenspolitik an der Unternehmenspersönlichkeit ermöglicht, Aussagen zum Selbstbild und zum Fremdbild zu treffen und beides einander möglichst stark anzugleichen. Dieses Verständnis ermöglicht auch, Chancen und Grenzen bei der Fusion zweier Unternehmen oder im Markenportfolio aufzudecken.

11.3 Dimensionen der Integration

Aufgabe des CIM ist, das Gesamtbild vom Unternehmen und seinen Leistungen zu gestalten („Big Picture"). Diese Integration hat mehrere Dimensionen:

- **Inhaltlich:** Sämtliche Aktivitäten sind thematisch abgestimmt durch einheitliche Slogans, Botschaften, Argumente, Bilder etc.

- **Formal:** Sie integrieren alle Gestaltungsrichtlinien, das heißt die bestehenden formalen Unternehmenskennzeichen, wie Name, Logo und Gestaltungskonstanten. Die Gestaltungselemente legen Sie mediengerecht aus, wie zum Beispiel das 3D-Logo im Internet.

- **Zeitlich:** Stimmen Sie die Maßnahmen zeitlich aufeinander ab, damit die eine Abteilung nicht Aussagen vermittelt, die eine andere noch zurückhält, um einen günstigeren Zeitpunkt abzuwarten.

- **Instrumentell:** Stellen Sie sämtliche CIM-Instrumente zu einem starken Mix zusammen, in dem sich möglichst die Vorteile der Instrumente ergänzen und die Schwächen ausgleichen.

- **Objekt:** Sie stimmen alle Einzelfirmen des Konzerns und alle Einzelleistungen des Unternehmens aufeinander ab.

- **Partnerintegration:** Koordinieren Sie Ihr eigenes CIM mit jenem Ihrer Wirtschaftspartner, Lieferanten, Unternehmen mit Handelsaufgaben etc.

- **International:** Stellen Sie sicher, dass sämtliche Aktivitäten in Ländern und Regionen aufeinander abgestimmt sind und zum Beispiel lokale Websites im Internet nicht andere Informationen geben als die Website des Konzerns.

- **Personell und organisatorisch:** Aus einem gemeinsamen Konzept leiten alle Beteiligten ihre Aufgaben und Entscheidungen ab.

- **Bezugsgruppenintegration:** Ihre Bezugsgruppen sind in Ihr CIM eingebunden, zum Beispiel durch persönliche Kommunikation und Diskussionsforen im Internet.

Reflexion

- Zeichnen Sie die Objekte Ihres CIM auf (Unternehmen, Unternehmensbestandteile, Produkte).

- Beschreiben Sie, welche Gemeinsamkeiten diese Teile verbinden sollen.

- Legen Sie die Konsequenzen fest, die sich aus dem integrierten Identitätsmanagement ergeben.

Überblick: Fragen und Antworten

Corporate Identity Management kann nur gelingen, wenn ein lückenloser Informationsfluss etabliert wird und die notwendigen Prozesse strategisch geplant und umgesetzt werden.

Vor allem aber bedarf es motivierter Menschen, die auch andere überzeugen und anstecken können.

In diesem Kapitel lernen Sie

wirkungsvolle Argumente für die ernsthafte Umsetzung von Corporate Identity Management kennen und Vorurteilen und Kritik zu begegnen, die immer wieder dagegen ins Feld geführt werden.

12

Was ist Corporate Identity Management?

CIM ist das systematische und langfristige Gestalten des gemeinsamen Selbstverständnisses über die Unternehmenspersönlichkeit. Management bedeutet Analysieren der Identitätsprobleme, Planen der Lösung, Umsetzen und Kontrollieren. Das entwickelte gemeinsame Selbstverständnis ist eigenständig und unverwechselbar und trägt den Unternehmenszielen einerseits und den Umweltbedürfnissen andererseits Rechnung.

Welche Ziele hat es?

CIM verfolgt das Ziel, das starke und einzigartige Vorstellungsbild von der Unternehmenspersönlichkeit bei internen und externen Bezugsgruppen aufzubauen und systematisch zu gestalten. Dieses Vorstellungsbild ermöglicht, das Unternehmen klar zu erkennen und deutlich von anderen zu unterscheiden. Aufgrund dieses Vorstellungsbildes ziehen die Bezugsgruppen ein bestimmtes Unternehmen einem anderen vor.

Welche Instrumente gibt es?

Die Instrumente des CIM sind das visuelle Erscheinungsbild (Corporate Design), die Kommunikation (Corporate Communication) und das Verhalten (Corporate Behaviour). Sie vermitteln das gemeinsame Selbstverständnis über die Unternehmenspersönlichkeit nach innen und außen.

Ist CIM unbedingt erforderlich?

Es gibt erfolgreiche Unternehmen, die kein systematisches CIM betreiben. Aber das bedeutet, dass sie es tatenlos bei dem willkürlichen Selbstverständnis belassen. Die Frage könnte auch anders gestellt werden: Wie erfolgreich könnten diese Unternehmen sein, wenn sie ihr gemeinsames Selbstverständnis gestalten würden?

Warum reicht die Geschäftsstrategie nicht aus, um den Unternehmenserfolg zu sichern?

Die Geschäftsstrategie trifft Aussagen, in welchen Gebieten ein Unternehmen tätig sein will und was es in diesen Feldern erreichen will. Die Unternehmensziele geben in Zahlen an, wann das Unternehmen einen angestrebten Zustand erreicht. Die Geschäftsstrategie und die Ziele sind auf den Markt bezogen. Sie enthalten meist weder qualitative Aussagen über die Unternehmensentwicklung, noch berücksichtigen sie gesellschaftliche Ziele wie soziales Engagement.

Feststellungen über das gemeinsame Selbstverständnis der Unternehmenspersönlichkeit bilden eine Ergänzung, denn sie beinhalten qualitative Aussagen.

Erfolgreiche Unternehmen verbinden beides: gefühlsmäßige, intuitive Prozesse mit der zahlen- und strukturorientierten, intellektuellen Denkweise des klassischen Managements.

Lässt sich die Wirkung des CIM messen?

Ja, sowohl das Image des Unternehmens bei seinen internen und externen Bezugsgruppen lässt sich messen als auch die Präferenz, die das Unternehmen anderen Unternehmen gegenüber genießt.

Jedoch ist zu beachten, dass das Vorstellungsbild vom Unternehmen nicht nur vom Unternehmen selbst beeinflusst wird, sondern auch von den Massenmedien, dem sozialen Umfeld und der individuellen Persönlichkeit der jeweiligen Personen.

Eignet sich CIM als Krisenmanagement?

CIM kann Krisen vorbeugen, indem es den Bezugsgruppen das mitteilt, was für das Unternehmen wichtig und erstrebenswert ist. Dies ermöglicht, Vertrauen und einen Austausch aufzubauen.

In der Rezession, so zeigen Studien, konzentrieren sich die Firmen auf marktbezogene (Image-)Ziele und interne Ziele, zum Beispiel die Steigerung von Motivation und Leistung der Mitarbeiter.

Häufig beginnen Unternehmen, sich mit ihrem Selbstverständnis zu beschäftigen, wenn sie gerade eine Krise gemeistert haben.

Erfüllen nicht schon Werbung und Public Relations die Aufgabe der Identifizierung und Differenzierung?

Werbung macht Produkte bekannt und im Markt erkennbar. Das Leitbild umfasst das gesamte Unternehmen und richtet sich an alle wichtigen Bezugsgruppen.

Werbung ist häufig kurzfristig und enthält Kernaussagen. Public Relations gehen zwar darüber hinaus, indem sie auch gesellschaftliche Bezugsgruppen umfassen, doch managen PR „nur" die

Kommunikation eines Unternehmens, wohingegen ein Leitbild auch weitere Instrumente zur Vermittlung einsetzt.

Ein Leitbild soll zudem die Instrumente der Corporate Communication systematisch aufeinander abstimmen, weil eine Koordination zunehmend gefragt, aber in den Firmen nur schwer umzusetzen ist.

Im internationalen Marketing muss sich ein Unternehmen doch an den Besonderheiten der Länder orientieren?

Im internationalen Marketing bieten sich drei Möglichkeiten:

- Die Identität des Heimatlandes wird auf das Ausland übertragen.
- Die Identität wird den jeweiligen Ländermärkten angepasst.
- Das Unternehmen richtet seine Identität nach gemeinsamen internationalen Erfordernissen aus.

Wie immer sich das Unternehmen entscheidet: Wichtig bleibt eine länderübergreifende Identität, die sich nicht nur auf den Markt, sondern auch auf das Unternehmen bezieht. Unter diesem Dach könnten auch länderspezifische Identitäten ihren Platz finden, wie die Beispiele BMW und IBM zeigen.

Ist es möglich, dass Bezugsgruppen das gemeinsame Selbstverständnis des Gesamtunternehmens nicht honorieren?

Ja, besonders stark diversifizierte Unternehmen sind teilweise auf sehr unterschiedlichen Märkten mit sehr unterschiedlichen Käufergruppen tätig, die sich nicht überschneiden. Eine einheitliche Darstellung des Unternehmens ist für die einzelnen Käufergruppen bedeutungslos.

CIM geht jedoch über die Betrachtung des Marktes hinaus und bezieht auch Mitarbeiter, Geldgeber oder gesellschaftliche Gruppen ein, die Ansprüche an das Unternehmen richten können und an die das gemeinsame Selbstverständnis des Unternehmens kommuniziert werden muss.

Ist nicht CIM fixiert auf Erfolgsmuster der Vergangenheit und blockiert neue Orientierungsmuster?

Ganz im Gegenteil. Häufig verharren die Unternehmen in der Vergangenheit, die keine systematische Identitätsgestaltung betreiben. Corporate Identity Management ist ein Prozess, der auch künftige Anforderungen aus dem Unternehmen, dem Markt und der Gesellschaft aufgreift und in gemeinsames Denken und Handeln umsetzt.

Führt nicht ein festgeschriebenes Selbstverständnis dazu, dass ein Unternehmen unflexibel wird?

Im Gegenteil: Die Arbeit am eigenen Selbstverständnis ist ein kontinuierlicher und lebendiger Prozess, der nie endet. Er verläuft parallel zu den Veränderungen der Märkte und dem technologischen, gesellschaftspolitischen und sozialen Wandel und greift diesen aktiv auf, prüft die Bedeutung für das eigene Unternehmen und entwickelt auf dieser Basis das Selbstverständnis weiter.

Damit sind diese Unternehmen eher in der Lage, flexibel auf Anforderungen aus dem Unternehmen, dem Markt und der Gesellschaft zu reagieren, als es herkömmliche Unternehmen können und tun. Corporate Identity Management ist kein starres Korsett, sondern muss diese Veränderungen erkennen, aufnehmen, diskutieren und sich ihnen anpassen. Der CIM-Prozess ist daher lebendig und flexibel.

Verhindert CIM nicht Meinungsvielfalt?

Das Management der Unternehmensidentität bringt ein gemeinsames Selbstverständnis hervor, das von allen Mitarbeitern getragen werden sollte. Es ist ein Grundkonsens über gemeinsame Werte, Normen und Handlungsanleitungen, der dazu dient, die Unternehmensziele zu erreichen. Darüber hinaus gibt es in allen Bereichen des Unternehmens genügend Meinungsvielfalt und Kreativität, wie dieser Grundkonsens umgesetzt und gelebt werden kann.

So ist für alle neuen Problemlösungen Vielfalt in den Meinungen und Ansichten gefragt, die dann in konzentriertes Handeln umgesetzt werden muss.

„Das Wesentliche im Umgang miteinander ist nicht der Gleichklang, sondern der Zusammenklang." (Ernst Ferstl, Heutzutage: Gedanken zum Leben)

CIM brauchen nicht nur große Unternehmen?

Einrichtungen, Parteien, Gewerkschaften und Kultureinrichtungen nutzen kaum ihre Chancen. Dabei spielt die Größe eines Unternehmens keine Rolle: Der Verein mit 50 Mitgliedern kann ebenso eine unverwechselbare Identität aufbauen wie der Konzern mit 500.000 Mitarbeitern.

Kleine und mittlere Unternehmen haben es sogar leichter, weil die Entscheidungswege kürzer sind, die Mitarbeiterzahl geringer, die Beziehungen zu den Bezugsgruppen überschaubarer, das Produktangebot nicht so komplex, Kontrollen leichter durchzuführen, Erfolge deutlicher bemerkbar sind und Mitarbeiter häufig an kleinere Unternehmen enger gebunden sind.

Gerade kleine und mittelständische Unternehmen sollten daher nicht die Chance verpassen, sich durch einen einheitlichen und schlüssigen Auftritt nach innen und außen darzustellen, Orientierung zu bieten und sich so einen Wettbewerbsvorsprung vor den Konkurrenten zu sichern!

Ob ein Schuster, die Lebensrettungsgesellschaft, karitative Vereinigung, Werbeagentur, Konditorei, Anwaltskanzlei oder die Kirche – jede Organisation kann von den Vorteilen des CIM profitieren. Jeder Handwerksmeister kann seinen Betrieb durch die Darstellung seiner speziellen Fähigkeiten und Kenntnisse bekannt und unverwechselbar machen. Jeder wird dann wissen, warum er gerade für diesen Arbeitgeber in Lohn und Brot steht und warum er gerade bei diesem Anbieter seine Wurst oder seine Schuhe kauft. Vereine und Verbände unterstreichen ihre Ziele und sichern sich dadurch die Unterstützung von potenziellen Mitgliedern und Geldgebern. Selbst Städte können zeigen, warum eine Reise lohnt.

Kosten CIM-Programme viel Geld?

CIM kostet Geld. Wie viel, entscheidet sich durch die Identitätsprobleme und die Maßnahmen zur Lösung.

In jedem Fall gilt, dass dieses Geld nicht aus irgendeinem PR- oder Werbeetat abgezweigt werden sollte. Stattdessen sollte der Stabsstelle oder dem Projekt ein eigener Etat zur Verfügung stehen. Und: Dieses Geld wird sinnvoll eingesetzt, um die Unternehmensziele erreichen zu können. Es stellt somit eine fundamentale Investition in die Zukunft des Unternehmens dar.

Anhang: Fragebögen

Persönliches Mitarbeiterinterview

Einstiegsphase

- Hinweis auf die Anonymität der Befragten
- Name
- Interner oder externer Mitarbeiter?
- Seit wann arbeiten Sie für ...?
- Art der Beschäftigung?

Motivation

- Wie sind Sie zum Unternehmen gekommen?
- Was macht bei Ihrer Arbeit besonders viel Spaß?
- Gibt es etwas, was Ihnen überhaupt keinen Spaß macht?
- Gibt es Dinge, die der Mitarbeiter ändern würde, wenn er Chef wäre?

Unternehmen

- Mit welchen Worten sprechen die Mitarbeiter vom Unternehmen?
- Gibt es einen bestimmten Unternehmensstil? Wie sieht er aus? Gibt es eine Vision und wie lautet sie?
- Wie ist die derzeitige Stellung des Unternehmens in der Branche, in der Volkswirtschaft, international/global und in den verschiedenen Märkten?
- Verfolgt das Unternehmen klare Ziele im Hinblick auf Produkte, Kunden, Mitarbeiter, Gesellschaft, Sonstiges?

Produkte und Dienstleistungen

- Welche Produkte und Dienstleistungen bietet das Unternehmen an?
- Wie versteht das Unternehmen seine Produkte und Dienstleistungen?
- Welchen Nutzen können die Kunden des Unternehmens aus den Produkten und Dienstleistungen ziehen? Welchen Sinn haben die Produkte und Dienstleistungen? Was will das Unternehmen mit seinen Produkten und Dienstleistungen erreichen?
- Wie ist die Qualität der Produkte und Dienstleistungen? Wie ist die Preispolitik des Unternehmens? Welche Technologie und welche technischen Verfahren setzt es zur Herstellung der Produkte ein? Gibt es grundsätzliche Aussagen zur verwendeten und verwendbaren Technologie?

Kunden

- Wer sind die Kunden? Gibt es interne Kundschaftsverhältnisse (die eine Abteilung als Kunde einer anderen)? Gibt es Personen beziehungsweise Unternehmen, die das Unternehmen als Kunde will und noch nicht hat?
- Was bedeuten die Kunden für den Erfolg des Unternehmens? Welche Priorität wird der Kundenzufriedenheit eingeräumt? Gibt es einschränkende Bedingungen? Gibt es dazu klare Aussagen?

Geschäftspartner

- Was erwartet das Unternehmen von seinen Geschäftspartnern? Was müssen die Geschäftspartner leisten? Was dürfen sie nicht tun?
- Was erwarten die Geschäftspartner vom Unternehmen? Was bietet das Unternehmen seinen Partnern?
- Was dürfen die Geschäftspartner vom Unternehmen nicht erwarten?

Umfeld

- Welche gesellschaftliche Stellung und welche damit verbundenen Verpflichtungen nimmt das Unternehmen in der Gemeinde ein, in der Region, im Bundesland, im Staat und international?
- Welche Verpflichtungen nimmt das Unternehmen gegenüber Menschen wahr, die nicht in unmittelbarem Kontakt mit ihm stehen?
- Welche Rolle spielen die Medien für das Unternehmen? Welche Informationspolitik betreibt das Unternehmen? Wie regelmäßig und transparent werden die Medien informiert?

Wettbewerber und Wettbewerbsverhalten

- Wer sind die Konkurrenten des Unternehmens? Wie ist die Stellung des Unternehmens am Markt im Vergleich zu den wichtigsten Konkurrenten?
- Welches Verhalten der Konkurrenten erwartet das Unternehmen?
- Wie verhält sich das Unternehmen gegenüber Wettbewerbern? Wie versucht es, sich gegenüber Wettbewerbern durchzusetzen?

Mitarbeiter

- Was bedeuten die Mitarbeiter für den Erfolg des Unternehmens?
- Was erwartet das Unternehmen von seinen Mitarbeitern (Kompetenz, Engagement etc.)?
- Was bietet das Unternehmen seinen Mitarbeitern? Welche und wie ausgestattete Arbeitsplätze? Welche Chancen und Möglichkeiten der

aktiven Selbstverwirklichung (am Arbeitsplatz, im Weiterkommen, in der Aus- und Weiterbildung)?

- Wie werden die Mitarbeiter im Unternehmen geführt (Führungsstil, Hierarchien, Kommunikationsmittel und -wege, Führungsinstrumente)?

Besonderheiten des Unternehmens

- Aussagen, welche die spezifische Struktur des Unternehmens betreffen (Verhalten gegenüber Tochtergesellschaften, bei Beteiligungen, Übernahmeversuchen etc.).
- Aussagen zu spezifischen Leistungen des Unternehmens: Welche Besonderheiten zeichnen die Produkte und Dienstleistungen des Unternehmens gegenüber vergleichbaren Angeboten aus? Welche Besonderheiten der Unternehmenskultur weist das Unternehmen auf (Bauen, Kunst, Sport etc.)? Welche besonderen Stärken zeichnen das Unternehmen aus?
- Welche Schwächen hat das Unternehmen? Wie geht es damit um?
- Welche negativen Klischeevorstellungen und Images gibt es über das Unternehmen und seine Branche? Was tut es zum Abbau dieser negativen Bilder?

Ethik

- Zu welchen Werten als Grundlage des Wirtschaftens bekennt sich das Unternehmen?
- Wird im Unternehmen darauf geachtet, abstrakte, ethische Grundsätze in der Alltagsarbeit zu realisieren?
- Gibt es ein klares Wertgefüge im Unternehmen, zu dem sich die Beteiligten bekennen?

Blick in die Zukunft

- Wo wird das Unternehmen in fünf oder zehn Jahren stehen?
- Wie kann das Unternehmen diese Ziele erreichen?
- Welche der Potenziale sind nicht ausgeschöpft? Wie können sie ausgeschöpft werden?
- Erwartungen an das Management auf dem Weg dorthin?

(in Anlehnung an Kiessling, W. F. und Spannagl, P.:
Corporate Identity. Alling 1996)

Externe Befragung

Bekanntheit

- Wie bekannt ist das Unternehmen?
- Kann die Bezugsgruppe den Namen des Unternehmens nennen? Oder muss sie aus einer Liste auswählen?
- Ist das Unternehmen jederzeit gedanklich präsent?
- Wie bekannt ist es im Vergleich zu anderen?

Image

- Welches Vorstellungsbild hat die Bezugsgruppe vom Unternehmen?
- Über welches Wissen verfügt die Bezugsgruppe? Über welches Wissen will sie verfügen?
- Was meint sie über das Unternehmen? Was sind ihre Wünsche und Erwartungen?
- Welche herausragenden Eigenschaften des Unternehmens nennt die Bezugsgruppe?
- Was macht für sie das Unternehmen so sympathisch?
- Wie wird das Unternehmen eingeschätzt im Hinblick auf Qualität, Seriosität, Verantwortung?
- Wie wird das Engagement im Vergleich zu anderen Unternehmen eingeschätzt?
- Welche Erwartungen werden an das Unternehmen gerichtet?

Instrumente

- Durch welche Medien ist das Unternehmen bekannt?
- An welche Kommunikations-medien erinnert sich die Bezugsgruppe?
- Kann sie deren zentrale Bilder und Botschaften nennen?
- Durch welche Medien möchten die Befragten Informationen über das Unternehmen erhalten?

Der Autor

 Prof. Dr. Dieter Georg Herbst gehört zu den anerkanntesten CI-Experten im deutschsprachigen Raum. Er ist zum einen geschäftsführender Gesellschafter der source 1 networks GmbH, einer international tätigen Beratungsgesellschaft. Zum anderen ist er Honorarprofessor für Strategisches Kommunikationsmanagement an der Universität der Künste Berlin und Studiengangsleiter „Leadership in digitaler Kommunikation", Gastprofessor der Lettischen Kulturakademie Riga (Lettland) und Dozent für Kommunikationsmanagement an der Universität St. Gallen (Schweiz). Der „Professor des Jahres 2011" hat 15 Bücher über Marketing und Unternehmenskommunikation geschrieben. Seine Website: www.dieter-herbst.de

Literaturverzeichnis

Corporate Identity

- Achterholt, G. (1991): Corporate Identity. In zehn Arbeitsschritten die eigene Identität finden und umsetzen, 2. Aufl. Wiesbaden

- Bieger, F. u.a. (1985): Projektarbeit CI – 101 nützliche Erkenntnisse aus der Praxis, Bonn

- Birkigt, K./Stadler M./Funk, H. J. (2002) (Hrsg): Corporate Identity, Landsberg/Lech

- Bungarten, T. (1993) (Hrsg): Unternehmensidentität. Corporate Identitity. Betriebswirtschaftliche und kommunikationswissenschaftliche Theorie und Praxis, Tostedt

- Chajet, C./Shactman, T. (1995): Image-Design. Corporate Identity für Firmen, Marken und Produkte, Frankfurt/Main, New York

- Daldrop, N. W. (1997) (Hrsg): Kompendium Corporate Identity und Corporate Design, Stuttgart

- Domsch, M./Schneble, A. (1991) (Hrsg): Mitarbeiterbefragungen, Heidelberg

- Doppler, K./Lautenburg, C. (1994): Change Management, Frankfurt/New York

- Dülfer, E. (1988) (Hrsg.): Organisationskultur, Wiesbaden

- Fenkart, P. und Widmer, H. (1987): CI. Corporate Identity, Zürich und Wiesbaden

- Fenkart, P./Widmer, H. (1987): Corporate Identity, Leitbild, Erscheinungsbild, Kommunikation, Zürich und Wiesbaden

- Harbücker, U. (1992): Wertewandel und Corporate Identity, Wiesbaden

- Heinen, E. (1987): Unternehmenskultur, München und Wien

- Herbst, D. (2006): Corporate Identity. 3. Auflage. Berlin

- Keller, I. (1993): Das CI-Dilemma, Wiesbaden

- Kiessling, W. F./Spannagl, P. (1996): Corporate Identity, Unternehmensleitbild – Organisationskultur, Alling

- Kiessling, W./Babel, F. (2011): Corporate Identity - Strategie nachhaltiger Unternehmensführung, 4. Aufl.

- Körner, M. (1990): CI und Unternehmenskultur. Ganzheitliche Strategie der Unternehmensführung, Stuttgart

- Kroehl, H. (2000): Corporate Identity als Erfolgskonzept im 21. Jahrhundert, München

- Kunde, J. (2000): Corporate Religion, Wiesbaden

- Olins, W. (1990): Corporate Identity. Strategie und Gestaltung, Frankfurt/New York
- Paulmann, R. (2005): double loop. Basiswissen Corporate Identity, Mainz
- Regenthal, G. (2003): Ganzheitliche Corporate Identity, Wiesbaden
- Schmidt, K. (1994) (Hrsg): Corporate Identity in Europa, Frankfurt/Main
- Schmitt, B./Simonson, A. (1998): Marketing-Ästhetik, München und Düsseldorf
- Süss, W. (2011): Corporate Branding im Spannungsfeld von Unternehmens- und Marketingkommunikation, Wiesbaden
- Wache, T./Brammer, D. (1993): Corporate Identity als ganzheitliche Strategie, Wiesbaden

Markenführung
- Aaker, A.A./Joachimsthaler, E. (2001): Brand Leadership, München
- Baumgarth, C. (2001): Markenpolitik, Wiesbaden
- Esch, F.-R. (2000): Moderne Markenführung, 3. Auflage, Wiesbaden
- Esch, F.-R. (2011): Strategie und Technik der Markenführung, München
- Meffert, H. (2002): Markenmanagement, Wiesbaden
- Nölke, S.V./Gierke, C. (2011): Das 1x1 des multisensorischen Marketing, Köln

Emotionale Ansprache
- Heller, E. (2002): Wie Farben wirken, Reinbek
- Mikunda, C. (2002): Marketing spüren, Frankfurt/Wien
- Schmitt, B./Simonson, A. (1998): Marketing-Ästhetik, München

Codes
- Häusel, Hans-Georg (2004): Brain Script. Warum Kunden kaufen, Planegg/München
- Häusel, Hans-Georg (Hrsg.) (2007): Neuromarketing. Erkenntnisse der Hirnforschung für Markenführung, Werbung und Verkauf, Planegg/München

- Scheier, Christian/Held, Dirk (2006): Wie Werbung wirkt, Planegg/München
- Scheier, Christian/Held, Dirk (2007): Was Marken erfolgreich macht. Neuropsychologie in der Markenführung, Planegg/ München

Wahrnehmung
- Baddeley, Alan D. (1988). So denkt der Mensch: Unser Gedächtnis und wie es funktioniert, München
- Bauer, Joachim (2005): Warum ich fühle, was du fühlst. Intuitive Kommunikation und das Geheimnis der Spiegelneuronen. 4. Aufl., Hamburg
- Bischoff, Norbert (1989): Das Rätsel Ödipus. 5. Aufl., München
- Damasio, Antonio (2003): Ich fühle, also bin ich. Die Entschlüsselung des Bewusstseins. 4. Aufl., München
- Damasio, Antonio (2004): Descartes' Irrtum. Fühlen, Denken und das menschliche Gehirn, Berlin
- Franck, Georg (2007): Ökonomie der Aufmerksamkeit. Ein Entwurf, München
- Zaltman, G. (2003): How Customers Think: Essential Insights into the Mind of the Market, Harvard

Storytelling
- Campbell Joseph (1999): Der Heros in tausend Gestalten, Frankfurt
- Denning, Stephen (2005): The Leader's guide to storytelling. Mastering the art and discipline of business narrative, San Francisco
- Denning, Stephen (2007): The Secret Language of Leadership. How leaders inspire action through narrative, San Francisco
- Field, Syd (2001): Drehbuchschreiben für Fernsehen und Film. Ein Handbuch für Ausbildung und Praxis, München
- Fog, Klaus/Budtz, Christian/Yakaboylu, Baris (2004): Storytelling. Branding in Practice, Berlin
- Fuchs, Werner T. (2009): Warum das Gehirn Geschichten liebt. Mit den Erkenntnissen der Neurowissenschaften zu zielgruppenorientiertem Marketing, München
- Geißlinger, Hans/Raab, Stefan (2007): Strategische Inszenierung. Story Dealing für Marketing und Management, Heidelberg

- Gesing, Fritz (2004): Kreativ schreiben. Handwerk und Techniken des Erzählens, Köln
- Lampert, M./Wespe, R. (2011): Storytelling fuer Journalisten, Konstanz

Unternehmenskommunikation
- Bruhn, M./Esch, F.-R./Langner, T. (2008) (Hrsg.): Handbuch Kommunikation: Grundlagen - Innovative Ansätze - Praktische Umsetzungen, Wiesbaden
- Bruhn, M. (2009): Kommunikationspolitik: Systematischer Einsatz der Kommunikation für Unternehmen. 5. aktualisierte Aufl., München 2009
- Herbst, D. (2006): Public Relations, 3. Aufl. Berlin
- Herbst, Dieter (2003): Praxishandbuch Unternehmenskommunikation, Berlin
- Mast, C. (2002): Unternehmenskommunikation, Stuttgart

Interne Kommunikation
- Herbst, D. (2011): Rede mit mir, Berlin
- Holm, K.-F. (1982): Die Mitarbeiterbefragung, Hamburg
- Klöfer, F. (1999) (Hrsg.): Erfolgreich durch interne Kommunikation, Neuwied/Kriftel
- Mohr, N. (1997): Kommunikation und organisatorischer Wandel, Wiesbaden
- Neuberger, O. / Kompa, A. (1987): Wir, die Firma, Weinheim/Basel
- Schein, E. H. (1985): Organizational Culture and Leadership, San Francisco/Washington/London
- Schick, S. (2002): Interne Unternehmenskommunikation, Stuttgart
- Scott-Morgan, P./Arthur D. Little (1994): Die heimlichen Spielregeln, Frankfurt/New York
- Sprenger, R. (2002): Mythos Motivation, Frankfurt/New York

Integrierte Unternehmenskommunikation
- Kirchner, K. (2001): Integrierte Unternehmenskommunikation, Wiesbaden

Bilder und Bildwirkung

- Berzler, A. (2009): Visuelle Unternehmenskommunikation, Innsbruck
- Dieterle, G.S. 1992): Verhaltenswirksame Bildmotive in der Werbung, Heidelberg
- Doelker, C. (2002): Ein Bild ist mehr als ein Bild. Visuelle Kompetenz in der Multimedia-Gesellschaft. Dritte, durchgesehene Auflage, Stuttgart
- Frey, S. (1999): Die Macht des Bildes. Der Einfluss der nonverbalen Kommunikation auf Kultur und Politik, Bern u.a.
- Grittmann, Elke (2003): Die Konstruktion von Authentizität. In: Knieper, Thomas/Müller, Marion G. (Hrsg.) (2003): Authentizität und Inszenierung von Bilderwelten, Köln
- Herbst, Dieter/Scheier, Christian (2004): Corporate Imagery. Wie Ihr Unternehmen ein Gesicht bekommt, Berlin
- Knieper, T. und Müller, M.G. (2003) (Hrsg.): Authentizität und Inszenierung von Bilderwelten, Köln
- Kroeber-Riel, W./Esch, F.-R (2011): Strategie und Technik der Werbung: Verhaltenswissenschaftliche Ansätze für Offline- und Online-Werbung. 7. vollständig überarbeitete Auflage, Stuttgart
- Kroeber-Riel, W. (1996): Bildkommunikation, München

Transaktionsanalyse

- Gerhold, Dieter (2005): Das Kommunikationsmodell der Transaktionsanalyse, Paderborn
- Hagehülsmann, Ute/Hagehülsmann, Heinrich (2001): Der Mensch im Spannungsfeld der Organisation. 3. Aufl., Paderborn

Internationale Kommunikation

- Backhaus, K. et al. (1996): Internationales Marketing, Stuttgart
- Herbst, Dieter (2008): Internationale Werbung und PR, Berlin
- Thieme, W.M. (2000): Interkulturelle Kommunikation und Internationales Marketing, Frankfurt am Main et al.